生活是堂数学课

梁 进/著

人民邮电出版社

北京

图书在版编目（CIP）数据

生活是堂数学课 / 梁进著. -- 北京：人民邮电出
版社，2023.12
ISBN 978-7-115-58980-4

Ⅰ．①生… Ⅱ．①梁… Ⅲ．①数学—通俗读物 Ⅳ．
①O1-49

中国版本图书馆CIP数据核字(2022)第048842号

内 容 提 要

从古老的哲理到历史的故事，从柴米油盐的日常起居到令人炫目的"黑科技"，本书将其中隐藏着的数学道理娓娓道来，展现了数学具有强大能量而又亲和融通的本质和魅力，让数学从象牙塔上走下来，揭开错遮的"恐龙"面纱，还数学以美丽智慧的真面貌。本书引导读者培养数学思维、掌握数学方法，用科学的方式来处理问题、应对挑战。

让我们跟随作者生动、幽默的讲述，一起探索生活中无处不在的数学，开始一段美妙的数学之旅吧！

◆ 著　　　　梁　进
责任编辑　刘禹吟
责任印制　李　东　焦志炜

◆ 人民邮电出版社出版发行　　北京市丰台区成寿寺路 11 号
邮编 100164　电子邮件 315@ptpress.com.cn
网址 https://www.ptpress.com.cn
固安县铭成印刷有限公司印刷

◆ 开本：720×960　1/16
印张：12.75　　　　　2023 年 12 月第 1 版
字数：175 千字　　　2024 年 7 月河北第 4 次印刷

定价：59.80 元
读者服务热线：(010)81055410　印装质量热线：(010)81055316
反盗版热线：(010)81055315
广告经营许可证：京东市监广登字 20170147 号

序 · 授鱼与授渔

顾凡及

（脑科学专家、科普作家）

感谢上海市科普作家协会江世亮秘书长的推荐和杨虚杰编辑的邀请，让我为梁进教授的新作《生活是堂数学课》写一篇序言，使我有机会先读为快，读到这本数学科普佳作。

说来惭愧，我虽然在大学里学的也是数学，毕业后改行从事生物控制论的科研和教学工作，不过从 2004 年退休后一直从事脑科学的科普工作，不再接触数学。在搞科普时也回避高等数学，原因是不知道怎样避开那些看起来莫测高深的术语、符号和抽象的概念，怕这些内容会吓跑了读者。读了梁教授的这本书，我明白了问题主要不在于这些内容，而在于作者的表达技巧，在于这样的科普读物的定位和目标。

虽然讲起来我们都希望科普读物能做到"老少咸宜，雅俗共赏"，但其实任何科普读物在作者心中都有对应的读者群体，就像我们很难给小学生讲高等数学和相对论，反过来，要让大学生对儿童科普读物感兴趣也很难。我猜梁教授心目中的读者群体可能是对高等数学有点儿概念且对怎样应用数学解决各种问题感兴趣的公众，这样的读者群体虽然做不到覆盖全社会（实际上也没有一本科普读物能做到这样），但是其覆盖面已经够广的了。

我在大学时代读的是纯数学或者说是如梁教授所称的"理论数学"，不过毕业以后在工作中涉及数学时，却只是应用数学来解决自己面临的问题，这听上去似乎简单，但实际上往往会发现在大学里学过的东西不够用。工作时间越长，这种感觉越深。我常常希望数学家们能编写一本像苏联数学家们合作编写的《数学：它的内容、方法和意义》这样的科普读物的现代版，告诉读者在大学里没有学过的众多近代数学分支的思想、能解决的问题和应用方法。对于应用者来说，他们不太在乎如何去证明，他们相信数学家。他们希望数学家告诉他们的是有哪些数学思想和理论能解决他们的问题，只有在确定了这一点之后，他们才有动力去阅读这方面的教科书或者专著，寻求解决之道。毕竟要啃这样的书，决不像读金庸的武侠小说那样轻松愉快。我曾经和在数学系任职的老同学讲起这个愿望，希望他能组织一些数学家来做这件事，不过老同学摇了摇头，表示这件事工程量太大也太难。我也就把这个想法埋藏在内心深处。

如果说我的这一想法是一种纵向的学科导向性的愿望，那么梁教授的这本书就是横向的问题导向性的实现。梁教授从生活中随处能碰到的种种实际问题出发，剥茧抽丝式地向读者介绍如何把问题简化和量化之后抽象成一个数学问题，要解决同类问题需要什么样的数学工具——变分法、泛函分析、随机过程、线性规划、运筹学，不一而足，而且举出了解决问题要用到的具体数学定理。当然在科普读物中并不需要对定理加以严格的证明，这往往也不是科普读物的读者想知道的。梁教授把定理中的数学表达"翻译"成通俗易懂的语言，并代入所要解决的问题中，使读者明白为什么可以用这些定理来解决这些问题，甚至是同一类型的其他问题。这种做法的好处是，读者不会一开头就被那些高深的学科名词所吓倒，而是趣味盎然地跟着梁教授看怎么样用数学方法解决实际问题。当读者自己也面临类似的问题时，就知道应该进一步去找哪些数学分支的文献来读了。这对于希望用数学方法解决自己的问题而茫无头绪的读者来说实在是太有帮助了。

我一直认为好的科普读物必须同时具备科学性、趣味性、前沿性，在有可能时还要兼备应用性（我自己的书就没能做到最后这一点）。梁教授的这本书无疑是少数能同时具备这"四性"的上乘之作。前文已分析了本书的科学性和应用性，令我喜出望外的是，这样一本普及高等数学的、在一般人想来枯燥乏味的书中，主题既有哲学思辨、历史轶闻，也有日常生活中碰到的难事，最后甚至以整整一章介绍云计算、人工智能、区块链等最新的"网红"主题。我虽然对这些问题也很好奇，可惜的是通常看到的文章都语焉不详，读后依然一头雾水。像梁教授这样做系统的通俗介绍，至少可以令读者知道这些概念究竟是什么意思，可望解决哪些问题。而在行文上，梁教授更是妙语连珠，既有高雅的文学语言，也有大众喜闻乐见的市井俚语，如"股市有风险，投资需谨慎"这样的广告语，使读者在紧张思考的同时，也不时为梁教授的幽默展颜一笑。

我特别喜欢这本书的原因之一，就是这本书不仅是授读者以鱼（有关的数学知识），而且还授读者以渔（数学思想以及怎样把具体问题归结为一个数学问题并加以解决）。而梁教授的授渔之法又是在授鱼的同时进行的，因此能更有效地让读者知道怎样具体地去"渔"，而不是在连"鱼"是什么都不知道的情况下拿了一本《捕鱼大全》去读！这或许就像金庸笔下的风清扬和张三丰所提倡的，重要的是学会"剑意"，而不是哪一个具体的"剑招"，不过要想体会剑意，也绝离不开观察具体的剑招！

总之，这是一本难得的好书，我已经通读了一遍，受益良多，但是这不是一遍就能读透的书，我还将反复阅读，尤其是选读那些特别感兴趣的章节。

最近几年，我陆续写了一些有关数学和名画、数学和诗歌、数学和大自然的科普书，目的就是想说明数学不是"恐龙"，而是优美而实用的学科，希望数学能走进大众。然而一直有一个空缺要去填补，就是与老百姓生活密切相关的生活中的数学。我自己感觉生活中的数学很难写，因为面对数学素养有限的普通读者，如果要把问题讲清楚，少不了一通公式"轰炸"。这样的结果必然是赶跑了读者，强化了数学的"恐龙"形象。于是我把重点放在了阐述数学思想上，希望从人们耳熟能详的寓言、故事、传说出发，分析背后的数学道理；也在大家柴米油盐的日常生活中挖掘，发现其中的数学之美；当然也不放过像人工智能、区块链等热门技术，数学正是这些"黑科技"的奠基本领。尽管本书尽量避免大量的公式推导，但还是有部分公式一定要与大家见面。希望读者能够与公式和平相处，尽力理解公式，毕竟公式是数学的语言。当然，真正研究数学和应用数学的人是少数，这本书的目的也不是让读者成为数学达人，而是希望让数学从象牙塔上走下来，和大家成为好朋友，让大家喜欢数学理性、优美、练达和有用的方方面面。

本书分为四章，分别讨论哲学里的数学、古老智慧间的数学、日常生活中的数学和前沿科技背后的数学。本书面向的读者需有一定数学基础，但如果不能理解其中的一些公式，不妨跳过，不会妨碍后面的阅读。

感谢杨虚杰老师的策划和人民邮电出版社编辑团队付出大量心血对本书的编辑，正是他们的努力才使这本书更加出彩。

目录

第一章

哲学里的
数学思辨

生活中处处有哲学，从古老悠久的谚语到脍炙人口的俗话，无不蕴含着劳动人民的智慧，同时也隐藏着很多数学道理。数学以"严格"为特征，以"准确"为精要，以"定量"为专长。展示哲学中的数学不是为了用数学证明哲学的正确性，因为这些"正确性"是在通用意义下的正确，与数学中所说的"正确性"是有差别的。换句话说，数学的"正确性"是不容许有反例的，一则反例就可以推翻一个结论。而通用的"正确性"意味着大概率相符就可以了。在生活哲学中，数学的"正确性"在于一定范围内的最优和一定条件下的定量。

在这一章，我会和大家分享一些哲学中的数学，从一些众所周知的哲学故事出发，讨论其背后的数学。

分棰不竭

"一尺之棰，日取其半，万世不竭"出自《庄子·杂篇·天下》，可能是我国有记载的最早的极限思想。这句话的大致意思是，一尺长的木棍，每天截取一半，可以一直截下去，永远也截不完。

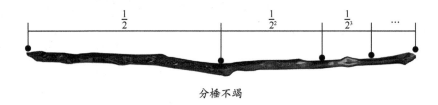

分棰不竭

无独有偶，古希腊哲学家芝诺（约前 490—约前 430）提出与极限有关的著名悖论——"阿基里斯跑不过乌龟"和"飞矢不动"。

与常识不符的"阿基里斯跑不过乌龟"是说如果乌龟在距离阿基里斯（古希腊神话中的英雄）前方 T_0 处逃跑，T_0 点到阿基里斯所在的 T 点的距离是 D，不妨假定为 1。为了追上乌龟，阿基里斯用力奔跑，当跑到 T_0 点时，乌龟已经逃到 T_1 点；而当他追到 T_1 点时，乌龟又逃到 T_2 点……每当阿基里斯到达乌龟上一次到达过的地方时，乌龟已经又向前爬了一段距离。这样下去，阿基里斯是永远追不上乌龟的！

对于这个问题，芝诺错误地假定了时间的无穷级数一定是发散的，而实际上这个悖论中的级数是收敛的，也就是说，由于阿基里斯的速度 V 大于乌龟的速度 v，阿基里斯每次跑步通过乌龟上一次爬过的距离所用时间之和的

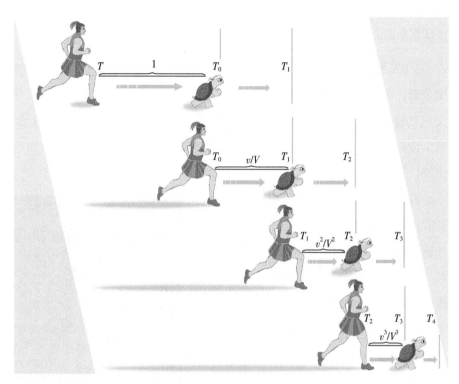

阿基里斯跑不过乌龟

极限是收敛的，所以，在有限时间里，阿基里斯一定能追上乌龟。根据基本的公式（速度＝距离／时间）可得下表。

阿基里斯跑不过乌龟的数学表示

位置变化	阿基里斯与乌龟的距离	阿基里斯所用时间	乌龟此间爬过距离
从 T 到 T_0	1	$1/V$	v/V
从 T_0 到 T_1	v/V	v/V^2	v^2/V^2
…	…	…	…
从 T_{n-1} 到 T_n	v^n/V^n	v^n/V^{n+1}	v^{n+1}/V^{n+1}
…	…	…	…

于是阿基里斯所用的时间成为一个几何级数，公比为 $v/V<1$，级数和收敛，

即阿基里斯会在时间 $\sum_{n=0}^{+\infty}\left(\dfrac{v}{V}\right)^{n}\cdot\dfrac{1}{V}=\dfrac{1}{V(1-v/V)}=\dfrac{1}{V-v}$ 内追上乌龟。

"飞矢不动"是指一支飞行的箭,在每一时刻,它位于空间中的一个特定位置。由于时刻不是持续时间,而整个运动期间只包含时刻,每个时刻又只有静止的箭,所以芝诺断定,飞行的箭总是静止的,它不可能在运动。这个悖论也是芝诺弄混时刻(时间的点)和极限意义下的无穷小时间段而产生的。

极限是微积分的灵魂。17世纪开始,随着科学技术的发展,在各行各业,人们的传统观念都受到了极大挑战,新思想不断涌现。在数学领域,一场重大的革命应运而生,那就是微积分的诞生。

牛顿

微积分分别由牛顿(1643—1727)在1671年书写、1736年公开出版的图书《流数法》和莱布尼茨(1646—1716)于1684年发表的论文《一种求极大极小和切线的新方法,它也适用于分式和无理量,以及这种新方法的奇妙类型的计算》中提出,从物理和几何出发开启了微积分时代。

开始的时候争论不断,人们为无穷小量的意义而"大打出手",那时无穷小量被保守派称为"幽灵",招之即来,挥之即去,并引发了第二次数学危机。天才如牛顿也说不清楚,他先后解释了三次,却又前后矛盾。直到19世纪,在柯西(1789—1857)、魏尔斯特拉斯(1815—1897)等众

莱布尼茨

多数学家的努力下，微积分的理论才趋于完善，人们才有了刻画动态的利器。而牛顿和莱布尼茨两人关于微积分"发明权"的纷争算得上是数学史上最精彩的纷争，现在公认两人共同分享这个荣誉。在这个过程中，微积分思想也以一种不可思议的方式感染了艺术界。

何谓极限？极限是一种"变化状态"的描述。粗略地说，"极限"是无限靠近而永远不能到达的意思。在数学中，"极限"特指某个函数中的某个变量在永远变化的过程中，逐渐向某个确定的数值 A 不断地逼近而又永远不能抵达 A，即此变量的变化有"永远逼近而不停止"的趋势。此变量趋近的值 A 叫作"极限值"。极限的严格数学概念最终由柯西和魏尔斯特拉斯等人严格阐述。这就是让许多数学系的大学生进入大学后挨到的 ε-δ 语言的"第一记闷棍"。再回过头来看看早在公元前两三百年出现的分棰之说，说的就是这样一种不停地缩小，结果越来越小却一直不能够到达 0 的过程，这不得不让我们感叹中国古人的智慧。

随机人生

　　"人不能两次踏进同一条河流"是古希腊哲学家赫拉克利特（约前 540—约前 480 与前 470 之间）说的。他创立了一种"变"的哲学，其中充满了辩证法思想，对后来辩证法的发展产生了重大影响。赫拉克利特用非常简洁的语言概括了他关于运动变化的思想："一切皆流，无物常驻。"在他看来，宇宙万物没有什么是绝对静止和不变化的，一切都在运动和变化。在他的思想中，运动是绝对的，静止是相对的。然而更进一步，赫拉克利特所描述的"动"其实含有很强的不确定性。按照随机过程的理论，一个连续时间随机过程中出现两条完全相同路径的可能性为 0！

　　人生中有太多的不确定性，随之而来的是惊喜、期盼、失望、不甘、无奈等情绪，这表明了这些不确定性似乎和精确的数学格格不入，但我们仍然可以用数学中的一个重要分支——随机过程，来解释生活中的不确定性。俗话说"谋事在人，成事在天"，表明了人的主观努力也会受到不确定的环境的影响。

　　随机过程是一门深奥的数学理论，一般是数学系高年级本科生和研究生的专业课，其先修课程一般包括概率论、数理统计等，研究前沿方兴未艾。

　　随机过程研究一族随机变量，如果这些随机变量的指标是时间，那么简单地说，这样的随机过程是一个以时间为标志的不确定过程。在这个过程中，站在现在这个时间点上看，过去已经是已知的、确定的，而将来的任何时刻都是一个随机变量。如果这个过程的发展遵循一定的规律，我们

骰子

可能可以摸索出未来的随机变量的分布。也就是说，虽然不知道未来会发生什么事，但有可能知道未来发生某些事的概率。例如，我们用几何布朗运动来刻画风险资产价值 S_t 的运行轨迹，简化该过程，则 S_t 满足随机微分方程

$$\mathrm{d}S_t = rS_t + \sigma S_t \mathrm{d}W_t$$

这里，W_t 是维纳过程，或者叫布朗运动；r 和 σ 分别表示 S_t 的数学期望回报率和波动率。虽然 S_t 对未来的时间 t 是随机的，但这两个参数决定了风险资产未来的数学期望值和随机波动的大小。

　　人生如果要用一个模型来刻画，随机过程自有其妙处。如果说我们的人生由一只看不见的命运之手牵引，我们也可以像刻画风险资产价值的运行轨迹那样用随机过程来描述这只手。这个过程有几个特点是肯定的：

- 关于时间是连续的、不可逆的；
- 有时间上限，当然这个时间上限也是随机变量；
- 这个过程包括随机跳跃的过程，跳跃的过程可以是内在的，也可以是

外生的；

- 人们的出身决定了这个过程的初始状态；

- 这个过程受外在因素，如大环境的影响很大；

- 每个人的过程都有独特之处，但与周围人的过程有很大的相关性，且互相影响；

- 对这个过程，人们自己能做的事就是调整过程的参数，并在一定的时机选择跳入不同的子过程。

于是，我们可以解释、推演下面几件事。

- 所谓的命运不是决定性的，它控制了大方向，这包括我们出生的年代、生活的大环境等，但我们仍然有希望在一定程度上，通过自己的努力大大增加达到目标的可能性。

- 调整参数不能改变未来的随机性，但可以使未来的某些事件发生的可能性增大，或者说，在已有信息的基础上，可以通过调整参数，使未来的数学期望更接近当事人的希望。但不要以为你努力了就一定能达到目的。所以，取得成功，应心生感激；不幸失败，当坦然接受。

- 人生很多时候会面临很多选择，这使得后来的进程转入不同的子过程。在这些不同的子过程中，发生各种随机事件的概率是不一样的。有时，随机的外生因素也会使人生轨迹发生改变，导致进入一个与之前不同的子过程。由于面临选择时，你并不能确定未来的随机事件，所以犹豫徘徊不能帮你，事后后悔更是没有意义，应当在分析可能性后，当断则断。

- 按随机过程的理论，过去的信息越多，未来的确定性就越大。对待不确定性这种风险，人们一般有两种态度，有人厌恶风险，有人喜欢冒险。但对于人生，人们倾向于喜欢不确定性，实际上是希望好的随机事件发生。例如，孩提时期，未来的不确定性很大，人们寄予各种各样的祝福；而到了老年，大都尘埃落定，可变性就很小了，不过大器晚成的例子也是有的。

- 大多数人都有攀比心态，其实这没有太大的意义，很多时候只会徒增烦恼，每个人经历的过程不一样，有时小概率事件也会发生，不服气也无益。

• 由于人生的不可逆性，过去发生的事确定了你曾经的轨迹，并会影响你的未来，但这种影响不是决定性的。当你已经站在一个时间点上，在此之前的所有可能性中，只有一种发生了，并得到证实，由于排他性，其他可能性在这个时间点上都没有发生，甚至有时就永远成为不可能事件了。不管这是不是你所希望的，你都只能接受，这时怨天尤人、蹉跎叹息都没有用，积极的态度是站在这个时间点上分析发生的事情和它对未来的影响，未来有各种各样的可能性，你仍然可以继续调整参数。

大环境也是一个随机过程，所有人调整参数的结果共同决定了未来的可能性。于是我们得出结论：大家努力调整参数，不仅要努力调整自己的参数，也要帮助调整别人的参数，还要合力作为，调整好大环境的参数。

随机过程中还有一个重要的概念：鞅。尽管鞅的数学定义比较难懂，但用通俗的语言来讲，它是指一类随机过程，这类随机过程未来的数学期望和初始状态是一样的。以此来看，人生可不是鞅。

逆水行舟

人生就像扬帆远航，有时顺风，有时逆风。顺风时当然舒畅，"轻舟已过万重山"；然而也不免遇上逆境，"逆水行舟，不进则退"。

逆水怎么行舟？也许帆船的航行可以给我们一些启示。帆船在航行中常常要借助风力，然而当风吹的方向和航行的方向相反时怎么办？有经验的船员会采取迂回的方式，并不顶风航行，而是呈"之"字形航行，在航行过程中利用侧风取得前行的动力。这样就引出了一个数学问题，航行的方向与风的方向呈多少度的侧角是最优的？也许有经验的船员会凭感觉来调整，这里我们从理论上给出分析。

如对页图，假如风 W 从点 B 吹向点 A，无动力帆船从点 A 驶向点 B，风的阻力 W 与航向相反，水的阻力 P 也与航向相反。如果船直直地从点 A 到点 B，它需要很强的发动机才能前进。但如果船斜着走，它是怎样借助风力获得动力的？分析如下。

（1）船实际航行的方向与风向的夹角是 θ，而帆与船实际航行的方向的夹角为 α，那么帆与风向的夹角为 $\theta-\alpha$。

（2）风的阻力 W 主要作用在帆面上，只要 $\theta>0$，它就可以分解成两个力 W_1 和 W_2，其中 W_2 与帆面平行，不起作用，而起作用的 W_1 又可以分解成两个力 f_1 和 f_2，其中 f_2 与船体垂直，被舵的阻力抵消，而 f_1 正是船的推动力。

（3）显然，帆的面积 S_1 越大，船获得的动力就越大，可以认为 W 和 S_1 成正比，不妨设比例系数为 k。

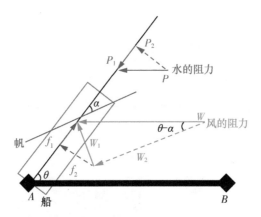

逆风逆水航行示意图

（4）水的阻力 P 也可以分成两个力 P_1 和 P_2，其中 P_1 是船的净阻力，P_2 垂直于船体，可认为被舵的阻力抵消。

（5）P 的大小与船体的形状和大小有关，简单考虑船体的迎水面积为 S_2，同样可以认为 P 和 S_2 成正比，其比例系数也设为 k。

（6）那么，船获得的净推力 $F = f_1 - P_1$。

（7）船的航速 v 与净推力 F 成正比，不妨设比例系数为 k_1，船希望航行的方向（从点 A 到点 B）上的分速度为 v_1。

如上分析，帆越大，船体越小，船就航行得越快。不过帆太大，船就不稳，容易翻船。难怪竞赛级帆船的帆那么大，船体那么小，对运动员的技术要求一定很高。而用于载客载货的船，为了效益，船体不可能太小。不同用途的帆船，船体和帆的面积比例也不同。另外，帆要做成三角形，是因为对同样的迎风面积，这样的形状可以降低重心；而船体要做成流线型，尽量减少迎水面积。

求最优的过程会用到微积分的方法。下面我们来计算一下，什么样的风帆角度为最优，即船可以获得最大动力。相信大家可以看出 $\theta - \alpha$ 为 $0°$ 和 $90°$ 时，船不能前进，所以角度在 $0°$ 和 $90°$ 之间可以取到一个最优值。

帆船

根据前面的分析，我们有

$$W = kS_1, \quad P = kS_2$$

$$W_1 = W\sin(\theta - \alpha)$$

$$f_1 = W_1\sin\alpha = W\sin(\theta - \alpha)\sin\alpha = \frac{W}{2}(\cos(\theta - 2\alpha) - \cos\theta)$$

$$P_1 = P\cos\theta$$

$$v = k_1(f_1 - P_1), \quad v_1 = v\cos\theta = k_1(f_1 - P_1)\cos\theta$$

现在的问题转变为，θ 和 α 为何值时 v_1 最大。先固定 θ，求使 f_1 最大的 α，再求使 v_1 最大的 θ。

事实上，$\dfrac{\mathrm{d}f_1}{\mathrm{d}\alpha} = W\sin(\theta - 2\alpha)$，令其为 0，得 $\alpha = \dfrac{\theta}{2}$，代入 v_1 的表达式，得

$$v_1 = \frac{k_1 W}{2}\left(1 - \left(1 + \frac{2P}{W}\right)\cos\theta\right)\cos\theta = k_2(1 - m\cos\theta)\cos\theta$$

$$= k_2 m \left(\frac{1}{4m^2} - \left(\cos\theta - \frac{1}{2m} \right)^2 \right)$$

其中 $m = 1 + 2P/W = 1+2S_2/S_1$，$k_2 = k_1 W/2$。

从上式可以看出，当 $\cos\theta = \frac{1}{2m}$，即 $\theta = \arccos\left(\frac{1}{2m}\right)$ 时，v_1 最大。最优角度依赖于帆的面积和船的迎水面积。一般情况下，S_1 远远大于 S_2，从而有估计值

$$\frac{1}{4} < \cos\theta < \frac{1}{2}$$，则 θ 的取值范围为 $60° < \theta < 75.53°$

结论：船的实际航行方向与风的最优夹角 θ 应在 60° 到 75.53° 之间（具体数值取决于帆的面积和船的迎水面积之比），帆与船的实际航行方向的最优夹角 α 为 θ 的一半。

通过 v_1 的表达式我们还可以看出，因为 $m > 1$，在某些情况下，v_1 可能为负，此时就是"不进则退"中"退"的情形。这时，可能要通过额外的努力，如划动船桨才能让船继续前进。

在帆船竞赛中，除了船和帆的状况是事先确定的，水文、风力等情况都是实时变化的，这就要求运动员根据具体情况，结合自己的训练经验，适时调整帆的角度，才能取得竞赛胜利，而训练经验的背后就蕴含着这样的数学原理。

磨刀之功

生活经验告诉我们，一味地"穷追猛打"并不一定能实现我们的目标，适当地学习、休息、进修和调整有助于我们更快捷、更有效地完成任务，尤其是那些棘手的、宏大的、重要的任务。然而过多的"偷懒"对完成任务也是不利的。那么怎样调整才是最优的呢？

俗话说"磨刀不误砍柴工"，砍柴对应前面所说的任务，磨刀有利于砍柴，但不是所有的磨刀都不误砍柴工。最极端的情况，如果你拼命磨刀，就是不砍柴，那肯定会误砍柴工。怎样磨刀才能不误砍柴工呢？再进一步，怎样磨刀才最有效，是最优的呢？处理最优问题恰恰是数学最拿手的。我们现在就对这个问题进行数学建模，并在一定条件下，定量地给出结果。通过此例可以看出数学在解决实际问题时的优越性和局限性。

我们先把这个问题转化成一个数学问题。这个问题就是数学中的最优控制问题。解决这类问题首先要搞清楚：什么是优化目标？什么是控制变量？回到砍柴问题，所谓效率最高的优化，就是固定时间内砍完的柴最多，这就是目标函数。那么我们能控制什么？我们能控制的是磨刀的时间和频率。

为了解决这个问题，我们需要把问题简化并具体化，也就是对问题做如下的假设。

（1）设本次砍柴的时间段从 0 开始，到 T 结束，T 是有限的。这期间只磨一次刀。磨刀时长为 d（$d < T$）。磨完刀后，砍柴速度回到最快水平。

砍柴

（2）砍柴的速度为 $x(t)$，最快速度为 x_0，砍柴速度是时间 t 的下降函数，设 $x(t) = x_0 e^{-ct}$，c 是某正常数，代表刀因砍柴而变钝的速度。

（3）磨刀时间为 $(t_0, t_0 + d) \subset (0, T)$。

（4）G 为砍柴量，$G = \int_0^T x(t) \mathrm{d}t$。

那么，我们的目标就是让砍柴量最大，即找到一个合适的 t_0，使得 G 最大。由上面的假设可以看出 $x(t)$ 满足

$$x(t) = \begin{cases} x_0 e^{-ct}, & t \in [0, t_0) \\ 0, & t \in [t_0, t_0 + d] \\ x_0 e^{-c(t - t_0 - d)}, & t \in (t_0 + d, T] \end{cases}$$

那么我们的问题就简化为什么时候磨刀，即找到一个 t_0，使得

$$\begin{aligned} G(t_0) &= \int_0^{t_0} x_0 e^{-ct} \mathrm{d}t + \int_{t_0 + d}^T x_0 e^{-c(t - t_0 - d)} \mathrm{d}t \\ &= \frac{x_0}{c}(1 - e^{-ct_0}) + \frac{x_0}{c}(1 - e^{-c(T - t_0 - d)}) \end{aligned}$$

最大。用微积分求极值的方法，对 $G(t_0)$ 关于 t_0 求导并令导数等于 0，就有

$$G'(t_0) = x_0(e^{-ct_0} - e^{-c(T-t_0-d)}) = 0$$

解上式，我们就得到了最合适的 t_0，记为 t_0^*：

$$t_0^* = \frac{T-d}{2}$$

这就是开始磨刀的最佳时刻。这时磨刀我们可以得到砍柴量

$$G(t_0^*) = \frac{2x_0}{c}(1 - e^{-\frac{c(T-d)}{2}})$$

如果我们不磨刀，那么有

$$G(T) = \frac{x_0}{c}(1 - e^{-cT})$$

当然，要想磨刀不误砍柴工，磨刀时间就不能太长。那么磨刀时间最长是多久呢？也就是说，要找到最大的 d，满足

$$G(t_0^*) > G(T)$$

解这个不等式，不难得到

$$d < T + \frac{2}{c}\ln\frac{1+e^{-cT}}{2}$$

由于 $1+e^{-cT} < 2$，所以上式小于号右边第二项为负，这意味着 $d < T$。另一方面，

$$T + \frac{2}{c}\ln\frac{1+e^{-cT}}{2} = \frac{2}{c}\ln\frac{e^{cT/2}+e^{-cT/2}}{2} > 0$$

所以大于 0 且不误砍柴工的磨刀时间 d 是存在的。

通过上面数学模型的建立、分析和计算，可以得出结论：要想磨刀不误砍柴工，必须在砍柴周期时间内通过磨刀将钝刀恢复到初始锋利状态，而最优的磨刀开始时刻是砍柴时间减去磨刀时间的差值的一半，而磨刀时间的限制依赖于砍柴总时间 T 和刀的钝化率 c。刀的钝化率需要实际数据校验。

这是一个简化后的数学模型，但我们可以从这个例子看出数学是怎样处理这类问题的。而对于实际磨刀问题，我们可以进一步推广，例如选取不同的钝化函数，或允许多次磨刀。

"磨刀"的思想在我们生活中也有广泛应用，如项目申请、职业进修等。就拿职业进修来说，我们都知道，在走向工作岗位之前，我们要花很长时间接受教育，这个过程可以看成磨刀的过程。刚开始走上工作岗位，我们锐气十足，工作效率很高；但日复一日，虽然工作经验增长，但也渐渐有了变成"老油条"的趋势，容易因循守旧、沉于经验，开始有了倦怠感。这时，我们有几种选择：①继续"混日子"，"做一天和尚撞一天钟"，我们的"刀"也就越来越钝；②跳槽，换一种工作方式，"树挪死，人挪活"，但这有一定风险，新的工作不一定适合自己，一切可能要从头来；③进修，停下目前的工作，花费时间和金钱，针对自己的短板和所需的新的职业技能，提高自己的工作水平。进修就是"磨刀",尽管在短时间内损失了一定的工作时间和金钱，但进修结束就能提高工作效率，做更多的工作。那么，数学对磨刀最优时间的计算给我们的启发是：可以根据我们的具体情况，找到进修的最好时机和合适的进修时长，以达到最优的"磨刀"效果。

愚公移山

"愚公移山"是我们耳熟能详的寓言，出自《列子》：

古代有一位老人，住在华北，名叫愚公。他的家门南面有两座大山挡住了他家出行的路，一座叫作太行山，另一座叫作王屋山。愚公下定决心要率领他的儿子们用锄头挖去这两座大山。有个名叫智叟的老头子看了发笑，说你们这样干未免太愚蠢了，你们父子要挖掉这样两座大山是完全不可能的。愚公回答说："我死了以后有我的儿子，儿子死了，又有孙子，子子孙孙是没有穷尽的。这两座山虽然很高，却不会再增高了，挖一点就会少一点，为什么挖不平呢？"愚公批驳了智叟的错误思想，毫不动摇，每天挖山不止。这件事感动了上天，他就派了两个神仙下凡，把两座山背走了。

现在我们从数学的角度来分析一下这则寓言。愚公门前有两种状态：有山和无山。开始的状态是有山，但这种状态是可以转移的。转移的方式有两种：一种是自己挖，另一种是感动上天。前一种方式利用了积分的思想，每天的挖掘量虽然小，但如果是正数，而且子子孙孙一直挖下去，时间趋于无穷，那么这个积分是发散的；而山虽然庞大，毕竟有限，抵不住子子孙孙挖山不止，总有一天山被挖尽。从这一点上看，智叟不智，只看到每天挖掘量与山的体量差别太大，而愚公不愚，已看到了积分发散。后一种方式是一种概率性的存在，这种方式非常难得。愚公的经历表明，这个概率是大于 0 的。但普通人的常识又表明，这个概率极小极小。愚公的方法是立足于第一种方式，自

力更生，与时间进行长跑，却触发了小概率事件，以第二种方式提前实现了
状态转移。

愚公移山

这两种方式在应用数学中也常用来刻画状态之间的转移。例如信用风险的评估，其中最简单的就是违约风险评估，其状态也是两种：违约和不违约。我们关心的是从不违约状态变成违约状态的可能性。评估的数学模型就是这样的两类，分别叫作约化法和结构化法。

约化法就是评估外在因素引起违约的可能性，当然这次不是"感动上天"而是"激怒上天"了，具体如自然灾害、战争等外在因素引发的违约。结构化法则是考虑内在因素，如管理不善、资不抵债等原因引发的违约。如果几种状态是可逆的，并且转移概率是已知的，那约化法就可以用马尔可夫链（Markov chain）来刻画状态的转移。

给定随机序列 $\{X_n, n \geq 0\}$。如果对任何一列在状态空间 E 中的状态 $i_1, i_2, \cdots, i_{k-1}, i, j$，及对任何 $0 \leq t_1 < t_2 < \cdots < t_{k-1} < t_k < t_{k+1}$，$\{X_n, n \geq 0\}$ 满足马尔可夫性质：

$$P(X_{t_{k+1}} = j \mid X_{t_1} = i_1, \cdots, X_{t_{k-1}} = i_{k-1}, X_{t_k} = i) = P(X_{t_{k+1}} = j \mid X_{t_k} = i)$$

则称 $\{X_n, n \geq 0\}$ 为离散时间马尔可夫过程或马尔可夫链（也简称为马氏链）。如果状态空间 E 是有限集，则称 $\{X_n, n \geq 0\}$ 为有限马尔可夫链。

马尔可夫链 $\{X_n, n \geq 0\}$ 在时刻 m 处于状态 i 的条件下，在时刻 $m+n$ 转移到状态 j 的条件概率称为 n 步转移概率，记为 $P(X_{m+n} = j \mid X_m = i)$。

由于马尔可夫链在时刻 m 从任意一个状态 i 出发，经过 n 步到时刻 $m+n$，必然转移到状态空间 E 中的某个状态，因此很自然地得到：对任何 $i \in E$ 和任意整数 $m \geq 0, n \geq 1$，有

$$\sum_{j \in E} P(X_{m+n} = j \mid X_m = i) = 1$$

如果 n 步转移概率 $P(X_{m+n} = j \mid X_m = i)$ 与 m 无关，则称 $\{X_n, n \geq 0\}$ 为齐次马尔可夫链。对于齐次马尔可夫链 $\{X_n, n \geq 0\}$，转移概率与起始时刻无关，而只与起始时刻和终止时刻的时间间隔 n 有关，将 n 步转移概率 $p_{ij}(n)$ 写成矩阵形式：

$$\boldsymbol{P}(n) = \begin{pmatrix} p_{00}(n) & p_{01}(n) & p_{02}(n) & \cdots \\ p_{10}(n) & p_{11}(n) & p_{12}(n) & \cdots \\ p_{20}(n) & p_{21}(n) & p_{22}(n) & \cdots \\ \vdots & \vdots & \vdots & \ddots \end{pmatrix}$$

回到愚公移山的问题，我们应该想到上天有正概率 p 把山搬走，当然也有正概率 q 把山搬回来。所以状态转移矩阵就是

$$\boldsymbol{P} = \begin{pmatrix} p & 1-p \\ 1-q & q \end{pmatrix}$$

而结构化法就是依赖状态转移的真实原因。如果是挖山，就是实实在在地一点一点把山挖走，计算山的体积和每天可以挖走的量，从而计算出离"无山"的状态还有多久。如果是违约，就是看离资不抵债还有多远，一旦资不抵债就会违约。一般来说，结构化法有一条清晰的边界划分两种状态，如有山和无山的边界就是山的体积为零，而违约的边界就是资产与债务相等。

如果上天是在逗愚公玩，搬山就像挪棋子，随心所欲，喜怒无常，将山搬来搬去，不过如果他搬来和搬去的概率 q 和 p 不变，那么可以通过马氏链得出，当时间趋于无穷时，有山状态和无山状态的概率将稳定在 $\left(\dfrac{p}{p+q}, \dfrac{q}{p+q} \right)$ 内（设 $p < q$），所以愚公还不如老老实实地挖山，当时间充分长时，愚公就可以顺利地进入无山状态。

最短道路

在生活中，我们为了实现自己的目标，都在寻找到达目的地的途径。有时是"华山一条路"，但更多的时候是俗话说的"条条大路通罗马"。如果是后者，就面临一个数学问题，这些道路中哪条路最短？

到达顶点的路有很多条

如果不考虑地球经济因素，只考虑纯粹平面，那么回答很简单：根据几何原理，两点间线段最短。但是在实际中，真要去罗马，没有直线路径可以实现，肯定会有各种地理限制。这里，我们考虑几种简单的限制条件，讨论在这些条件下的最短距离问题。由于距离就是路径长度，我们要找到一个函数使得函数的曲线长最短，这就要用到数学中的泛函理论。泛函分析虽然是数学中比较高深的学科，但不妨碍我们通过下面几种情形来尝试理解它。

情形 I 直线模型

虽然地球是圆的，但足够大，我们可以近似地将地球表面看成平面。先考虑一个没有任何附加条件的模型。

在地球上建立平面直角坐标系，假设远足者站在坐标原点 $(0, 0)$，罗马的坐标为 $(1, a)$，在这两点间任意画一条连线，连线函数是 $y = f(x)$。所有这样的函数的容许集合 Φ 为所有通往罗马的路径集合，用数学的语言表示就是

$$\Phi = \{ f(x) \text{连续可微，且} f(0) = 0, f(1) = a \}$$

沿 $y = f(x)$ 从原点走到罗马的距离为

$$D = \int_0^1 \sqrt{1 + f'^2(x)} \, \mathrm{d}x$$

我们要在集合 Φ 中找到一个函数 $y = f^*(x)$ 使得 D 最小。

$f^*(x)$ 附近的函数 $f(x)$ 可以写作 $f(x) = f^*(x) + \delta\varphi(x)$，其中 $\varphi(x)$ 连续可微，$\delta \ll 1$，并且 $\varphi(0) = \varphi(1) = 0$。所以我们有

$$D(\delta) = \int_0^1 \sqrt{1 + (f^{*\prime}(x) + \delta\varphi'(x))^2} \, \mathrm{d}x$$

因为 $D(\delta)$ 在 0 点处取得极值，将 $D(\delta)$ 关于 δ 求导并令 δ 取 0，得

$$D'(\delta) = \int_0^1 \frac{f^{*\prime}(x)\varphi'(x)}{\sqrt{1 + f^{*\prime 2}(x)}} \, \mathrm{d}x = \left. \frac{f^{*\prime}(x)\varphi(x)}{\sqrt{1 + f^{*\prime 2}(x)}} \right|_{x=0}^{x=1} - \int_0^1 \frac{f^{*\prime\prime}(x)\varphi(x)}{\sqrt[3]{1 + f^{*\prime 2}(x)}} \, \mathrm{d}x$$

由于 $\varphi(x)$ 的任意性，及其两端取值为 0，要得到 $D'(\delta) = 0$，只有

$$f^{*\prime\prime}(x) = 0$$

又因为 $f^*(x) \in \Phi$，我们可以得出结论，$f^*(x)$ 只能是过 $(0, 0)$ 和 $(1, a)$ 的直线。

情形 II 绕山模型

如果在去罗马的直线路径上有高山阻拦，那情形 I 找出的这条路径应该就不是最优的了。我们可以绕着山走，但问题是怎么"绕"才是最短路径。

如右图所示，直觉告诉我们，最短的路径应该是：从点 A（出发地）出发，先沿直线达到山的某点，沿着山的边缘绕行一段，然后离开山再沿直线行至点 B（罗马）。那么接下来的问题是，绕山的起点（绕山点）和终点（离山点）在哪里为最佳？数学建模如下。

绕山最短路径示意图

（1）建立如下图所示的坐标系，A、B 两点的坐标分别为 (0, 0) 和 (1, 0)。

（2）山坡用连续光滑函数 $y = h(x)$ 表示，其中 $h(m) = h(n) = 0$，$0 < m < n < 1$，$h''(x) < 0$。

（3）绕山点和离山点的坐标为 $(x_i, h(x_i))$，$i = 1, 2$。

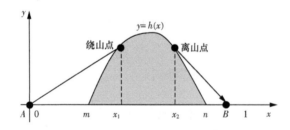

绕山问题建模示意图

那么，点 A 到点 B 的距离函数为

$$d(x_1, x_2) = \sqrt{x_1^2 + h^2(x_1)} + \int_{x_1}^{x_2} \sqrt{1 + h'^2(x)}\,\mathrm{d}x + \sqrt{(1 - x_2)^2 + h^2(x_2)}$$

我们的目的是使这个距离函数值最小，即 $d(x_1, x_2)$ 取得最小值，而其必要条件是 $\dfrac{\partial d}{\partial x_1} = \dfrac{\partial d}{\partial x_2} = 0$，即

$$\frac{x_1 + h(x_1)h'(x_1)}{\sqrt{x_1^2 + h^2(x_1)}} - \sqrt{1 + h'^2(x_1)} = 0$$

$$\frac{x_2 - 1 + h(x_2)h'(x_2)}{\sqrt{(1-x_2)^2 + h^2(x_2)}} + \sqrt{1 + h'^2(x_2)} = 0$$

这两个方程非耦合，整理可得

$$\left(h(x_1) - x_1 h'(x_1)\right)^2 = 0, \quad \left(h(x_2) + (1-x_2)h'(x_2)\right)^2 = 0$$

或者

$$\frac{h(x_1)}{x_1} = h'(x_1), \quad \frac{h(x_2)}{1-x_2} = -h'(x_2)$$

这表明，上山直线和离山直线要分别与山坡函数在绕山点和离山点处的切线重合。所以我们得到的最短路径为

$$f(x) = \begin{cases} \dfrac{h(x_1)}{x_1}x, & x \in [0, x_1) \\ h(x), & x \in [x_1, x_2] \\ \dfrac{h(x_2)}{x_2 - 1}(x-1), & x \in (x_2, 1] \end{cases}$$

如果进一步有 $h(x)$ 的信息，还可以求出 x_1, x_2 的具体值。例如当 $h(x) = 1 - 8(x-0.5)^2$ 时，可以求出 $x_1 = \dfrac{\sqrt{2}}{4}$, $x_2 = 1 - \dfrac{\sqrt{2}}{4}$。

然而，这样的解法虽然简单，却有争议。因为我们讨论的路径并没有包括从点 A 到点 B 绕过障碍的所有路径。为此，我们可用变分法来讨论这个问题。

考虑函数的容许集合

$$M_1 = \left\{ f(x) \mid f(x) \in \mathbf{C}^1[0,1], f(0) = 0, f(1) = 0, f(x) \geqslant h(x) \right\}$$

我们要求的变分问题是寻找 $y^*(x)$，使得

$$D(y^*(x)) = \inf_{y \in M_1} D(y(x))$$

这里的 $D(\cdot)$ 就是前面情况 I 所定义的距离函数，即 $D(f)=\int_0^1 \sqrt{1+f'^2(x)}\mathrm{d}x$。

我们要说明这个变分问题的解 $y^*(x)$ 就是我们前面得到的解 $f(x)$。

事实上，由自由边界问题的相关理论，求上面的变分问题的解等价于寻找 $f(x)\in \mathbf{C}^1[0,1]$，使得

$$\begin{cases} f(x)-h(x)\geqslant 0 \\ -f''(x)\geqslant 0 \\ \big(f(x)-h(x)\big)f''(x)=0 \\ f(0)=0 \\ f(1)=0 \end{cases}$$

其实，上述两个问题的解是唯一的。所以刚才我们通过简单的方法得到的解就是问题的解。

情形 Ⅲ 渡海模型

如果在去罗马的路上要穿过海峡，而最近的路径可以理解成用时最短的路径。假设在相同距离下，走海路所耗的时间是走陆路的 3 倍，而海流会改变航线，最短的航线并不在直线上，如右图所示，那么如何横渡海峡为最佳？

数学建模如下。

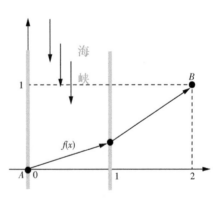

渡海最短路径示意图

从点 A 出发，目的地是点 B，直接走直线穿过海峡并不一定最优，因为走海路所耗时间是走同距离陆路所耗时间的 3 倍。我们要找到一个海峡两岸距离较短的地方渡海，但陆路走得太远也不经济，所以要找到最佳的渡海点和登陆点使得整个旅程最短。我们适当简化该问题，假设点 A 在海岸上，则

渡海点即为点 A。现在进行如下假设：

（1）起点 A 和终点 B 的坐标分别为 $(0, 0)$ 和 $(2, 1)$；

（2）河宽为 1，水流对渡海的影响忽略不计；

（3）渡船按照曲线 $f(x)$ 从起点 $(0, 0)$ 行进渡海到达彼岸登陆点 $(1, f(1))$。

我们要找的是用时最短的路径，考虑海上耗时是陆地同距离耗时的 3 倍，则可以将最短时间按比例转化为距离函数，所以我们要求的目标函数是

$$D = 3\int_0^1 \sqrt{1 + f'^2(x)}\, dx + \sqrt{1 + (1 - f(1))^2}$$

这里我们要在容许集合 $\{f(x)$ 连续可微，$f(0)=0\}$ 中寻找使得上式取值最小的函数。

要使 D 的值最小，可以像情形 II 一样使用变分法，我们可得 $f''(x) = 0$，所以 $f(x) = ax$，即登陆点为 $(1, a)$，现在要找到使 D 的值最小的 a，目标函数可以改写成

$$D = 3\int_0^1 \sqrt{1 + a^2}\, dx + \sqrt{1 + (1 - a)^2}$$

然后对 D 关于 a 求导，并令导数为 0，得

$$\frac{dD}{da} = \frac{3a}{\sqrt{1 + a^2}} - \frac{1 - a}{\sqrt{1 + (1 - a)^2}} = 0$$

可解得 $a \approx 0.21$。也就是说，从点 A 出发，以斜率约为 0.21 的直线航向对岸，登岸后再按直线走向目标点 B，是最优的路径。

情形IV 球面模型

去罗马只能沿着地球表面走，所以我们的路径还有限制条件：去罗马的路必须沿着球面。

现在把起点和终点放到三维空间中，假定地球是个圆球，半径为 1，从起点 A 沿着一条地球表面的曲线 f 走到终点 B。我们用球坐标表示，起点和

终点分别为 (0, 1, 0) 和 $(a, \sqrt{1-a^2}, 0)$，曲线上的点的球坐标表示为

$$(x_f(t), y_f(t), z_f(t)) = (\sin f(t)\sin t, \sin f(t)\cos t, \cos f(t)), \quad t \in [0, \arcsin a]$$

其中仰角 $f(t)$ 是方位角 t 的函数，连续可微，$f(0) = \pi/2$，$f(\arcsin a) = \pi/2$。

A、B 两点间的路径长度为

$$
\begin{aligned}
D &= \int_0^{\arcsin a} \sqrt{x_f'^2(t) + y_f'^2(t) + z_f'^2(t)} \, \mathrm{d}t \\
&= \int_0^{\arcsin a} \sqrt{\sin^2 f(t)\sin^2 t + \sin^2 f(t)\cos^2 t + (\cos^2 f(t) + \sin^2 f(t))f'^2(t)} \, \mathrm{d}t \\
&= \int_0^{\arcsin a} \sqrt{\sin^2 f(t) + f'^2(t)} \, \mathrm{d}t
\end{aligned}
$$

这个问题通过传统的变分法解起来比较复杂，但我们通过观察，注意到 D 的最小值将在

$$f'(t) = 0$$

处达到，或者说球面上曲线的最短路径应满足仰角的导数始终为 0，它关于方位角不变，再加上端点条件 $f(0) = f(\arcsin a) = \pi/2$，我们有

$$f(t) \equiv \pi/2$$

也就是说，最短路径是过 A、B 两点的大圆弧。

两面数学

　　数学从诞生起，就发展为两个不同的方向，一个是理论数学，一个是应用数学。数学工作者面临一个问题：理论，还是应用？这听起来有点像莎士比亚笔下人物哈姆雷特的那句经典独白："To be or not to be, that's a question."（生存还是毁灭，这是个问题。）

　　理论数学以它智慧的"灵魂"、优雅的"身姿"、严谨的思辨、简洁的语言，引无数智者"竞折腰"。它有哲学般的高贵，也深得美学的厚爱。它是"科学的皇后"（徐迟语）。

　　应用数学就没有那么"神气"了，因为它被打上了一个深深的烙印——工具。所以，应用数学就有点像仆人，只能依附别的学科（主人）而生存。既然是仆人，首先要找到一个好主人。如果它幸运地找到了一个好主人，为了扮演好自己的角色，它势必要按主人的喜好行事，不断提高自己的技能以满足主人的要求，而且自己工作的好坏还要由主人来评价。当然，这个仆人如果表现优异，改善了主人的生活，给主人光明的前景，那它甚至有望将自己的名字写进主人的"家谱"。

鲁宾杯的双重意象

从历史上看，数学家在其他领域应用数学，从而对其他领域产生革命性影响的事例屡见不鲜。比如物理学，事实上，许多物理学家同时也是数学家。大家熟知的牛顿有三大运动定律，麦克斯韦（1831—1879）持电磁学方程组，爱因斯坦（1879—1955）亮相对论，他们不仅对物理学做出突出贡献，对数学的贡献也是巨大的。随着数学的发展，数学对其所问及的领域的影响常常是革命性的，例如，天才数学家纳什（1928—2015）提出的纳什均衡给经济学带来了深刻的变化和巨大的进展，直至今日，纳什均衡都是非合作博弈论和经济分析所应用的博弈论的核心，在经济学领域及与其相关的市场、金融甚至政治学中扮演着重要角色。许多诺贝尔经济学奖都由数学家获得，1997年诺贝尔经济学奖得主舒尔斯（1941—）和默顿（1944—）的布莱克 - 舒尔斯 - 默顿期权定价模型使随机过程、偏微分方程等高深的数学理论走进了金融领域，并拓展了一片崭新而深刻的数量金融天地，并引领了许多一流数学家和一大批青年数学才俊进入这片天地。在理论数学领域如解析数论、矩阵几何学、典型群、自守函数论做出突出贡献的数学巨匠华罗庚（1910—1985）也深深涉足应用数学，他所研究的优选法和统筹法（简称"双法"），其实际意义巨大。不仅如此，华先生晚年一直身体力行地向基层推广"双法"，为应用数学工作者做出了表率，也为我国理论数学的应用开了先河。

大多数应用数学工作者的主要工作是"具例到具例"（case to case）且"面向对象"（object-oriented），即具体问题具体对待，以对象为目标，以解决问题为目的。为了解决问题，蓄发内功，见招拆招，八仙过海，各显神通。在应用数学中，人们不在乎你用的方法漂不漂亮，而是在乎结果漂不漂亮，方法则是越简单、越易懂、越容易推广越好。但毋庸置疑，应用数学的重要性被越来越多学科的工作者所认可。

数学擅长于处理各种复杂变量之间的依赖关系，精细刻画变量的变化情况，准确评估事件发生的可能性。它可以帮助人们探讨原因、量化过程、控制风险、优化管理、合理预测。事实上，应用数学就是这样为其他学科服务的。

第一步，数学建模。将研究对象的规律抽象出来，用数学的语言来描述。这是一件很难的事情，要求建模者对建模对象有透彻的了解，这包括了解问题的本质、变化规律和各种因素的依赖关系；建模者也要有抽象问题、"修剪枝杈"、抓住主要矛盾并进行总结的能力，还要有稳健掌控、灵活应用数学方法的功底。有时规律是知道的，但需要对具体问题进行参数设定。很多时候建模是数学的反问题。

第二步，数学推演。将建立好的数学模型，利用数学理论和计算机技术进行推演、论证和计算，得到数学结果。这部分是应用数学工作者的拿手好戏，在今天这个计算机时代，许多模型都可以通过仿真或模拟得到结果。当然有时模型所提出的数学问题的难度可能超过了现有的研究水平，或许可以因此激发一个新的数学领域。

第三步，验证数学结果。这个验证有两方面的意义：一是模型建立得对不对，有没有捡了芝麻丢了西瓜，或者干脆连芝麻也没捡到；二是看看数学的推演和计算对不对。检验的方法有常识检验、压力测试和历史数据验证等。

第四步，分析数学结果。成功的数学结果往往超出人们的预期，得到许多人们"猜不到"的结论。对数学结果分析、讨论，用研究对象本来的语言将数学结果重述，可以达到原课题最初的目的，甚至有所超越。

随着科学的发展，应用数学的主人越来越多，对应用数学的要求也越来越高。从原来的自然科学学科，到现在的很多交叉学科、社会学学科都能看到数学的踪影。近年来，计算机的发展带来技术上的飞跃，计算能力不断提升。而各学科与计算机之间的桥梁就是数学模型。毕竟在计算机技术飞速发展的今天，脱离计算机必定落伍，在低水平上徘徊，也就更谈不上赶超世界先进水平了。然而，应用数学虽然重要，但仆人是不好当的。目前，应用数学扮演不好自己仆人角色的情形可能有以下几种。

（1）无法沟通。不是仆人听不懂主人的话，就是主人听不懂仆人的话，双方没有共同语言，鸡同鸭讲，无法交流。这是因为不同的学科有不同的体系、不同的文化，正所谓隔行如隔山。有些主人数学修养不够，提不出数学问题，也不知道如何应用数学去解决问题，或者只为了让自己的论文看起来高深些而刻意加上几个数学符号。与此同时，仆人对主人的工作更是一头雾水，不知所云，也没有耐心倾听主人的问题。

（2）不听吩咐。这就是仆人做着主人想做的事，却只按自己的方式行事，与主人的要求渐行渐远，最后主人也不懂仆人在干什么。有的应用数学工作者解决了主人的问题，在主人的成绩单上却排不上号；同时，应用数学工作者还可能被理论数学工作者误解、瞧不起，被认为研究的内容太"小儿科"。一些号称从事应用数学工作的人就是按理论数学的模式作为，他们做研究只为发表论文。于是，他们到别人发表的论文中找题目，在自己文章的引言中提一下背景，就万事大吉，然后任凭自己的兴趣对原问题加加减减，制造出更困难的问题，起劲儿地动用各种高深的数学理论，得到貌似漂亮的结果。至于这个结果有什么用、怎么用，如何回答背景学科问题等都不在他们的关心范围内，与实际严重脱节。

（3）不能达标。主人交代的任务太难，超过仆人的能力，目前无法完成。虽然理论数学的研究走在应用数学的前面，但并不是所有实际中提出的数学问题都能在理论中得到解答。有些时候，理论研究甚至落后于这些实际问题。例如，在金融衍生品中，很多组合产品动辄包含上百种性质不同的风险资产，要计算其相关风险，待解的问题维数达到数百，除了模拟，目前的计算能力远不能解决这类问题。再如，有时模型的高度非线性也超出了理论所能解决的范畴。当然，这些给理论数学工作者提出了很好的课题，但他们不能立即解决提出问题的学科迫切要解决的问题。

那么这些状况如何改进，应用数学和主人学科如何牵手合作，如何冲破隔阂、互相沟通、取长补短、携手共赢呢？

对应用数学工作者来说，首先，要精通数学，深刻理解数学各分支的特点、覆盖面和进展。

其次，要充分理解服务对象，也就是说，要将数学应用到某个学科，你至少得是该学科的"半个专家"。你要学习该学科的基本原理，理解该学科的困难问题，弄懂该学科的"行话"，明白该学科处理问题的方式，清楚该学科想要的结果，更重要的是，你要有和该学科的专家研讨问题的能力；结合自己的修养，把问题在该学科的容许范围内简化、抽象，再归入某类数学分支，然后应用自己在这个分支的长项，解决问题；得到结果后，再反馈给该学科工作者，听取该学科专家对这个结果的评判；还要倾心于教育，提高该学科的数学水平，推广你的成果。

再者，要有熟练应用计算机的能力，并能随时跟踪最新的计算技术。当然也要有很高的外语水平，时刻关心国际上类似问题的解决方案和进展。

可以看出，应用数学工作者不好当，这种要求十八般武艺样样精通的活当然不好干。

那么想用数学的主人学科工作者呢，也不应该坐着不动。要想得到应用数学的帮助，也要付出一定的努力。首先要了解数学，要明白哪些事是数学可以做，而且可以做好的；要有能力让应用数学工作者明白你的问题所在，并向他们提供已有的所有资料，包括原理、经验公式、实验数据等；参与建模过程，因为你对建模的理念、条件的简化最有发言权；跟踪应用数学工作者的工作过程，随时对他们的工作方向提出自己的意见，还要让他们清楚地知道你的预期；最后对应用数学工作者做出的结果进行专业评价，并由此调整自己的工作。如果由此取得进展或成功，应肯定应用数学工作者的工作并与其分享成果。具体说来，可以采取以下举措。

• 从教育入手，打破专业限制。学习应用数学专业的学生，至少应该辅修一门其他学科的专业课；其他学科的学生，则要加强对数学的学习。鼓励大学生参加数学建模的学习和竞赛。

• 建立交流机制。各学科应该为想要了解自己专业的应用数学工作者创造融洽的合作氛围，提供机会，花时间交流，提出问题，讨论问题。

• 实行合理的评价制度。应用数学工作者虽然可以发表一些论文，但很多结果尽管很有实际意义，却难以登上顶级期刊，而项目和基金有时又难以落到他们的头上。这迫使一部分应用数学工作者为了评职称等因素改弦易辙。所以只有找到合理的评价制度，才能鼓励更多的年轻人投身应用数学事业，适应技术的发展，使整体学科水平得到提高。

悖论困局

悖论是指逻辑学和数学中的矛盾命题，即在逻辑上可以推导出互相矛盾之结论，但表面上似乎又能自圆其说的命题或理论体系，有很古老的历史。在数学上，悖论一直起着特殊的作用。这里列出比较有名的几种悖论。

彭罗斯悖论三角

逻辑悖论 公元前 6 世纪，克里特哲学家、诗人埃庇米尼得斯认为："所有克里特人都说谎，他们中间的一个诗人这么说。"这个悖论够古老的了。因为说话的埃庇米尼得斯是克里特诗人，假设他说的话为真话，那么不是所有克里特人都说谎，则与他的断言相悖；假设他说的话为假话，那么"所有克里特人都说谎"就是一个谎言，那他说的话就应该是真话，又与假设相悖。

信仰悖论 罗马教廷曾出了一本书，用当时最流行的数学推论推导出"上帝是万能的"。一位智者问："上帝能创造出一块他搬不动的石头吗？"

极限悖论 古希腊哲学家芝诺就提出过有名的芝诺悖论，如在"分棰不竭"一节中提到的古希腊英雄阿基里斯跑不过乌龟、飞矢不动等。

范畴悖论 中国古代逻辑学家公孙龙（约前 320—前 250）在《公孙龙子·白马论》中提出了"白马非马"的论点，按他的说法，如果白马有一个具体定义，那它就不再是马了，可它还叫作马，从而产生了矛盾。

时空悖论 爱因斯坦相对论问世后，有人提出了这个悖论——如果一个人能返回到过去，在自己的童年时期杀死自己的外祖母，那么这个跨时间旅行者本人还会不会存在呢？

这些悖论都形成一个个"怪圈"，自相矛盾。人们过去一直认为这些悖论是利用了某些不易察觉的小漏洞，或者偷梁换柱，或者暗设陷阱，都应该可以解决。特别是数学，其"大厦"应该有一个稳定的基础（公理），康托尔（1845—1918）的集合论给出了这样的基础，所有的数学家都可以在这个基础上添砖加瓦，让其更完美。然而**"罗素悖论"**的横空出世引发了第三次数学危机（前两次危机分别是无理数危机和微积分危机，后文会提到），并使数学这座大厦摇摇欲坠。这个悖论是英国哲学家、数学家、逻辑学家罗素（1872—1970）在 20 世纪初提出的，有一个便于理解的例子是"理发师悖论"。简单地说，就是"只给本城那些不给自己刮脸的人刮脸的理发师应不应该给自己刮脸"。

对于数学这座大厦，罗素不只是一个"破坏者"，也是一个"修补者"。他和他的数学老师怀特海（1861—1947）共同完成《数学原理》一书，努力维持着数学这座大厦的稳定。希尔伯特（1862—1943）更是要求数学家们按照罗素他们的定义系统既一致又完备地修建数学大厦，这就是所谓的希尔伯特纲领。希尔伯特纲领是 20 世纪数学基础和数学哲学中一项影响深远的研究计划，这是一个美好而宏大的计划，看起来非常"高大上"，简单来说，这个计划希望使用有穷主义方法来证明无穷的理想数学的一致性。希尔伯特希冀此计划能一劳永逸地解决所有的数学基础问题，然而这个美好的梦想被哥德尔毫不留情地打破了。哥德尔（1906—1978）是美籍奥地利数学家、逻辑学家和哲学家，其最杰出的贡献之一是用哥德尔不完全性定理和连续统假设的相对协调性证明彻底摧毁了希尔伯特纲领，他指出，没有一个公理系统可以导出所有的真实命题，除非这个系统是不一致的，即存在着相互矛盾的悖论！可见要摆脱"怪圈"这个幽灵，努力可能是徒劳的。

希尔伯特

哥德尔

我们可以看到，数学悖论常常带来数学理论的飞跃性进展。看起来好像是循环，但每次都更上一层楼。如古希腊时期毕达哥拉斯（前 580 至前 570 之间—

约前 500）曾提出"万物皆数"，最终落入无理数的陷阱；而今天这个大数据时代，好像又印证了"万物皆数"的断言，但此"数"非彼"数"，数的含义早就超出了毕达哥拉斯的范围，而进入一个更高的层次。数学就是这样呈螺旋式发展的。

第二章

古老的
数学宝石

在漫长的历史长河中，数学一直与文明相生相伴，因为数学被视作人类文明中最基础最核心的存在。数学的起源和发展与生活息息相关，如几何的起源是土地测量。古老的智者提出的数学问题，或绞尽几代人的脑汁，或脍炙人口成为经典，或冲破了思想的局限而开启新的数学分支，或一度沉默后来大放光彩，或随着时间不断有新的发展，或直接带来天翻地覆的科学变革。总之，古老的智慧，从来不会因为时间而褪色，而是像宝石一样，一直光彩夺目。

在这一章，我们就谈谈几个古老又经典的数学问题以及它们的前世今生。

最优的圆

先看一个著名的等周长问题。古罗马诗人维吉尔（前 70—前 19）的史诗《埃涅阿斯纪》中有一个关于狄多公主的传说：

At last they landed, where from far your eyes

最后他们登陆在那视线所达的极致

May view the turrets of new Carthage rise;

可见新迦太基的塔楼的升起；

There bought a space of ground, which Byrsa call'd,

在那里他们买下了自己的空间，

From the bull's hide they first inclos'd, and wall'd.

是他们第一次用牛皮圈起来的土地。

（英文由德赖登翻译，中文由笔者翻译）

狄多，推罗王国的公主，在她的兄弟杀死她的丈夫后带着侍从逃走。逃到非洲大陆时，当地首领同意给他们一块"能用一张牛皮圈起来的地方"，于是聪慧的狄多公主将牛皮切成了细条连起来，但随即面临着一个数学问题：牛皮条是有限长的，围成什么形状，才能使围成的土地面积最大？

古希腊的数学家芝诺多罗斯（前 200—前 140）基本上证明了等周长中圆的面积最大。不过严格的数学证明是后来的事了，证明的方法也多种多样。我们先看一个简单问题，等周长的矩形，什么情况下面积最大？然后再用比较复杂的变分法回答狄多公主面临的问题。

狄多公主圈地

对于矩形问题，我们先进行分析。这里的目标函数是面积。因为已经限定了形状是矩形，不一样的只有矩形的边长，所以这个问题中的变量就是边长。矩形有两个边长，我们分别称它们为长边和短边。由于周长给定，所以能调整的只有长边或短边。不妨设矩形的周长为 $2L$，短边为 x，面积为 A。用矩形面积公式，可得

$$A = x(L - x)$$

通过初等数学的配方方法，将面积公式重写为

$$A = -\left(x - \frac{L}{2}\right)^2 + \frac{L^2}{4}$$

观察公式，我们看到 A 的表达式有两项，第一项是一个平方项，系数为负，所以是一个非正项；第二项是一个常数项，无论变量 x 怎么变化，都不会对这一项产生影响。那我们就控制变量 x，使其第一项的值最大，而最大的值就是 0。我们还要观察一下，变量 x 能在什么范围里变动。事实上，由于 x 是短边，所以其变化范围在 0 与 $L/2$ 之间，即 $x \in [0, L/2]$。什么时候 A 的表达式的第一项为 0 呢？很明显，只有当 $x = L/2$ 时。此时长边也为 $L/2$，面积为

$$A_{\max} = \frac{L^2}{4}$$

从而我们得出结论：等周长的矩形中，正方形面积最大。

也可以用微积分的方法，求 A 关于 L 的导数并令其为 0，然后求出最大值点，可以得到同样的结果。

现在我们用变分法来证明同样周长的封闭图形中，圆的面积最大。设容许函数集合为

$$R = \{r(\theta) \mid r \in \mathbf{C}^1(0, 2\pi), r \geqslant 0, r(0) = r(2\pi)\}$$

由 $r(\theta)$ 围成的图形的面积为

$$A(r(\theta)) = \frac{1}{2}\int_0^{2\pi} r^2(\theta)\, \mathrm{d}\theta$$

限制条件是周长为常数，假设为 L，即

$$B(r(\theta)) = \int_0^{2\pi} r(\theta)\, \mathrm{d}\theta = L$$

我们要找到一个特殊函数 $r^*(\theta)$，使其在限制条件下满足

$$A(r^*(\theta)) = \max_{r \in R} A(r(\theta))$$

事实上，用变分法，任取常数 α、λ，以及 $\eta \in R$，取泛函的拉格朗日算子

$$F(a) = A(r^*(\theta) + \alpha\eta(\theta)) + \lambda\,(B(r^*(\theta) + \alpha\eta(\theta)) - L) \tag{2.1}$$

则

$$\left.\frac{\partial F}{\partial \alpha}\right|_{\alpha=0} = \int_0^{2\pi}\left(r^*(\theta) + \lambda\right)\eta(\theta)\mathrm{d}\theta = 0, \quad \left.\frac{\partial F}{\partial \lambda}\right|_{\alpha=0} = \int_0^{2\pi} r^*(\theta)\mathrm{d}\theta - L = 0 \tag{2.2}$$

由式（2.2）的第一个公式中 $\eta(\theta)$ 的任意性得 $r^*(\theta) + \lambda = 0$，代入式（2.2）的第二个公式得 $\lambda = -L/2\pi$，即围成最大面积的径向函数 $r(\theta)$ 只能是常数 $L/2\pi$，换句话说，$r(\theta)$ 围成的图形就是半径为 $L/2\pi$ 的圆。

圆是古今中外数学家们的"心心念念"所在。几何学是从最实际用途的丈量土地开始的，计算不规则的土地面积可以将土地划分成若干三角形，分别计算面积后再求和。而计算圆形土地的面积就没那么简单了，很长一段时间里，人们也尝试"化圆为方"。这是古希腊尺规作图问题之一，即求一正方形，其面积等于一给定圆的面积。这道题吸引着众多的数学家。若不限定尺规作图，化圆为方并非难事，文艺复兴时期的大家达·芬奇（1452—1519），没错，就是那个画《蒙娜丽莎》的达·芬奇，他用以圆为底、以圆的半径的1/2为高的圆柱，在平面上滚动一周，得到一个矩形，其面积恰为圆的面积，然后再将矩形化为等面积的正方形即可。但已有证明表明，在尺规作图的条件下，此题无解。两千多年间，尽管人们对化圆为方问题的研究一直没有成功，但却发现了一些特殊曲线。古希腊演说家安提丰（前426—前373）为解决此问题而提出的"穷竭法"，是近代极限论的雏形，揭示了"曲"

与"直"的辩证关系和一种求圆面积的
近似方法，启发了人们后来以"直"代
"曲"来解决问题。其大意是先作圆内
接正方形（或正六边形），然后每次将边
数翻倍，得内接正八边形、正十六边形、
正三十二边形……，他相信最后的正多
边形必与圆周重合，这样就可以化圆为
方了。虽然最后的结论不对，但却提供
了求圆面积的近似方法，为古希腊学者

圆周率 π

阿基米德（前287—前212）计算圆周率提供了方法，也与我国魏晋时期的数
学家刘徽（约225—约295）的割圆术不谋而合。

然而，为了计算圆面积而要求的圆周率整整耗了几代人的时间，这个神
奇的无理数π就是圆的周长与直径的比值。有记载最早近似的圆周率为
25 / 8 = 3.125，出自一块古巴比伦石匾（约产于公元前1900至公元前1600），
差不多同一时期的古埃及数学著作《莱因德纸草书》记载了圆周率等于分数
16/9的平方，约等于3.1605。

阿基米德通过圆内接正九十六边形和外接正九十六边形求出圆周率的下
界和上界分别为223/71和22/7，并取它们的平均值（约等于3.141851）为圆
周率的近似值。

刘徽在《九章算术注》中说的"割之弥细，所失弥少。割之又割，以至
于不可割，则与圆周合体而无所失矣"将极限思想通过"割圆术"应用于实际，
其后的南北朝数学家、天文学家祖冲之（429—500）由此将圆周率算到了当
时世界领先的小数点后7位。

1777年，法国博物学家布丰（1707—1788）提出了一种计算圆周率的方
法——随机投针法，在平面上画一组间距为a的平行线，将一根长度为l（$l \leq a$）
的针任意投掷到这个平面上多次，布丰证明了这根针与平行线中任一条相交

的概率 p 满足 $p = \dfrac{2l}{\pi a}$。

当人们开始利用无穷连分数、无穷级数或无穷连乘积求 π 后，π 值的计算精度迅速增加。1789 年，斯洛文尼亚数学家尤里·维加（1754—1802）算出 π 的小数点后 140 位，其中有 137 位是正确的，这个世界纪录维持了 50 年。

1948 年，英国的弗格森和美国的伦奇共同发表了 π 的小数点后 808 位小数值，成为人工计算圆周率值的最高纪录。

今天，计算机计算的圆周率已达万亿位。2019 年 3 月 14 日，谷歌宣布已将圆周率算到了小数点后 31.4 万亿位。2021 年 8 月 17 日，据美国趣味科学网站报道，瑞士研究人员使用一台超级计算机，历时 108 天，将圆周率计算到小数点后 62.8 万亿位，创下该常数迄今最精确值的纪录。

关于圆周率的几个神奇的公式

名称	表达式
莱布尼茨公式	$1 - \dfrac{1}{3} + \dfrac{1}{5} - \dfrac{1}{7} + \cdots = \dfrac{\pi}{4}$
高斯积分	$\displaystyle\int_{-\infty}^{+\infty} e^{-x^2} \mathrm{d}x = \sqrt{\pi}$
欧拉公式	$e^{\pi i} + 1 = 0$
斯特林公式	$n! \approx \sqrt{2\pi n}\left(\dfrac{n}{e}\right)^n$
连分式	$\pi = \cfrac{4}{1 + \cfrac{1^2}{2 + \cfrac{3^2}{2 + \cfrac{5^2}{2 + \cfrac{7^2}{2 + \cfrac{9^2}{2 + \ddots}}}}}}$

2019 年，联合国教科文组织第四十届大会正式宣布，将每年的 3 月 14 日定为国际数学日。

二倍立方

二倍立方体问题是 2400 多年前古希腊人提出的几何三大问题之一（另两个是化圆为方和三等分角）。

公元前 3 世纪古希腊"地理学之父"埃拉托色尼（约前 276—前 194）记录了一个传说。太阳神阿波罗的出生地希腊提洛斯岛发生了一场瘟疫，当居民向阿波罗祈祷时，神谕道："需要把立方体的祭坛加到两倍，瘟疫才能停止。"然而，当居民们把祭坛的边长加倍后，瘟疫更严重了。神谕解释说，是要体积加倍，不是边长加倍，边长加倍后，体积实际上变成了原来的 8 倍！但是，立方体体积翻倍其边长需要变为原边长的 $\sqrt[3]{2}$ 倍，而当时人们还不会开立方，只会设法用尺规作图完成。这个问题太难了，当提洛斯岛的居民去请教当时最著名的哲学家柏拉图（前 427—前 347）时，柏拉图也一筹莫展，只好说，神并不是让大家真正做一个两倍的祭坛，只是因为希腊人过于忽视数学和几何的作用，神要以此让大家重视数学和几何。

对这个古老的问题，达·芬奇很感兴趣，像那个年代所有的数学家一样，达·芬奇也不知道计算立方根这一解题关键，所以计算是很有难度的。他从对正方形的研究中想出了一个直观的解决方案：沿对角线斜切原来的立方体后，在切面上构造一个立方体，尽管立方体与正方形还是不一样的。

对页图就是达·芬奇绘制的一个立方体套另一个立方体的手稿，明确阐释了二倍立方体这一经典的几何学问题。图中的立方体轮廓是由铜板雕刻绘成后，用画笔润色的。以棱长为 4 的立方体（体积为棱长的三次方，也就是 64）为研究对象，达·芬奇经过多次研究发现双倍体积的立方体棱长应约为 5（体积为 125）。事实上二倍立方体的棱长是无理数，约为 5.039，达·芬奇将其描述为"比 5 多一点点"。

今天，我们不难求出二倍立方体的边长。假设原立方体的边长为 1，则二倍立方体的体积为 2，那么这个二倍立方体的边长为 $\sqrt[3]{2} \approx 1.259921$。

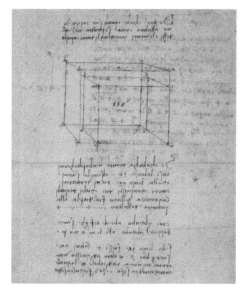

达·芬奇关于二倍立方体的手稿（《大西洋古抄本》）

$\sqrt[3]{2}$ 是一个无理数，无理数曾引发了第一次数学危机。这是数学史上的一次重要事件，发生在公元前 400 年左右的古希腊。在数学启蒙的古希腊，数学分为两部分——几何和代数。人们最早很自然地通过抽象个体认识了整数。接着在度量各种如长度、重量、时间等量时，从"一半"等概念延展到两个整数的商，从而有了有理数，包括了所有的整数和分数。有理数对于进行实际量度是足够的。当时毕达哥拉斯提出"万物皆数"，他所谓的"数"就是有理数。但毕达哥拉斯也证明了勾股定理，然而毕达哥拉斯学派的希帕索斯（约前 500）发现了腰长为 1 的等腰直角三角形的斜边既不是整数也不是分数，是当时人们还没有认知的新数，但可怜的希帕索斯却被故步自封的毕达哥拉斯学派门徒投进了大海而淹死。直到也是毕达哥拉斯学派的欧多克索斯（约前 408—约前 355）用公理化方法创立了新的比例理论，才巧妙地解决了这个矛盾。他处理不可通约量的方法，出现在古希腊"几何之父"欧几里得（约前 330—前 275）的《几何原本》第 5 卷中。第一次数学危机以无理数定义的出现为标志而结束。

第一次数学危机给当时的数学思想带来了极大的冲击。这表明，几何学的某些真理与算术无关，几何量不能完全由整数及其比来表示，反之却可以由几何量来表示整数，代数和几何此消彼长。这次危机也表明，直觉和经验不一定靠得住，推理和证明才是可靠的。危机也带来转机，人们开始重视演绎推理，并由此建立了几何公理体系，带来数学思想上的一次巨大革命。

关于几何中的正多面体，人们早就知道只有 5 种：正四面体、正六面体、正八面体、正十二面体和正二十面体，古希腊人称它们为"柏拉图体"。

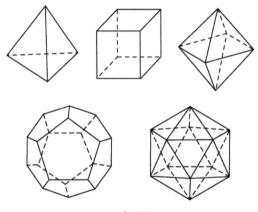

正多面体

大数学家欧拉（1707—1783）对数学的研究极为广泛，因此在许多数学的分支中都可以见到以他的名字命名的重要常数、公式和定理，其中关于多面体有个著名的欧拉公式：

$$F + V - E = 2$$

这里 F 是多面体的面数，V 为其顶点数，E 为其棱数，即面数＋顶点数－棱数＝2。通过这个公式，欧拉还证明了正多面体只有上述 5 种。

棋盘麦粒

在印度有一个古老的传说：印度舍罕王打算奖赏国际象棋的发明者达依尔宰相，并问他想要什么。宰相指着棋盘对国王说："陛下，请您在这张棋盘的第 1 个小格里赏 1 粒麦子，在第 2 个小格里赏 2 粒，第 3 个小格赏 4 粒，以后每个小格都比前一小格加一倍的麦粒。请您将摆满棋盘上所有 64 格的麦粒，都赏给您的仆人吧！"国王觉得这个要求很容易满足，就爽快答应了。当人们把一袋袋的麦子搬来开始计数时，国王才发现，就是把全印度甚至全世界的麦粒全拿来，也满足不了这位宰相的要求。那么，宰相要求得到的麦粒到底有多少呢？

按照这位宰相所要求的方式，在 64 格棋盘上放置麦粒，听起来所需麦粒的数量很少，其实越放越多，后来竟达到了天文数字。将 64 格里的麦粒全加在一起的结果为

$$\sum_{i=0}^{63} 2^i = 18446744073709551615$$

如果以 1 千克小麦 2.5 万粒计算，64 格棋盘上放置的麦粒的总量大约有 7000 多亿吨，要知道就是今天，在全球小麦主要生产国家之一的我国，小麦年产量也只有 1 亿多吨，难怪这个国王的许诺要让自己破产了。

这个故事背后的指数爆炸也是当今经常困扰人们的问题之一，人们更期望解决问题的代价是随着问题规模的增大而以一种近似多项式的形式增长，而非以指数的形式增长。这也是人们最初对人口指数式增长引发人口爆炸的担忧所在。

宰相求麦粒

　　1798 年，英国经济学家马尔萨斯（1766—1834）影响深远且备受争议的专著《人口原理》首次出版。这本专著阐述了他在研究欧洲百余年的人口统计时的发现：单位时间内人口的增加量与当时的人口总数是成正比的，在此基础上，他得出了人口按几何级数增加（或按指数增长）的结论，这就是著名的人口指数增长模型——

$$N(t) = N_0 e^{kt}$$

其中，参数 k、N_0 分别是人口增长率和初始人口数，马尔萨斯的模型较好地吻合了他那个时代的人口数据。他认为，他的模型适用于自然资源丰富充足、没有战争、人们生活无忧无虑的社会，如当时的美国（见下图）。

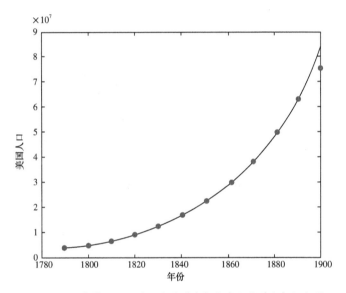

1780—1900 年美国人口的理论值（线）和实际值（点）拟合图

然而用此模型预测较遥远的未来地球人口总数时，可以发现不可思议的结果出现了。按此模型计算，到 2670 年，地球上将有 36 000 亿人口。就算地球表面全是陆地（事实上，地球表面约 71% 被水覆盖），人们也只能叠着站成两层才能全部站下了。这个结果显然非常荒谬。

事实上，人口的增长还受人类生活的自然环境限制，所以这一模型被后来的人口阻滞增长模型取代。在人口阻滞增长模型里，增长率不再"无忧无虑"，而是受到自身阻力，也就是有限的自然环境的影响，随着人口的增长，增长率形成阻滞。假定增长率为 $r(t) = k(1 - N(t)/N_m)$，这里 N_m 表示地球最大的人口容纳量。这样人口模型就变成了

$$N(t) = \frac{N_m}{1 + \left(\dfrac{N_m}{N_0} - 1\right)e^{-kt}}$$

可以看出，这时 e 的指数为负，当人口增长时，人口趋于 N_m。这个模型很好地修正了马尔萨斯模型的指数灾难，但远没到完美的程度，在后来的人口研究和发展中，人口模型被不断修正和完善。

四色猜想

　　四色猜想，即四色问题，又称四色定理，是世界近代三大数学难题之一（另两个是费马大定理和哥德巴赫猜想）。四色问题最早是由一位叫古德里的英国大学生提出的。1852 年，毕业于伦敦大学的古德里在进行地图着色工作时提出"任何一张地图只用四种颜色就能使具有共同边界的国家着上不同的颜色"，也就是说在不引起混淆的情况下，一张地图只需要用四种颜色来标记。这个命题可以用数学语言表示为"将平面任意地细分为不相互重叠的区域，每一个区域总可以用 1、2、3、4 这四个数字之一来标记，而不会使相邻的两个区域被相同的数字标记"。这里的相邻区域是指有一整段边界是公共的，如果两个区域只相遇于一点或有限个点就不叫相邻，因为用相同的颜色给它们着色不会引起混淆。

　　这个看起来简单的结论能不能从数学上加以严格证明呢？古德里和在大学读书的弟弟决心试一试。兄弟二人为证明这一问题而使用的稿纸已经堆了一大沓，却没有任何进展。弟弟以此请教他的老师、著名数学家德·摩根（1806—1871）。尝试解题无果后，德·摩根写信向自己的好友、著名数学家哈密顿（1805—1865）爵士请教。尽管努力论证，但直到 1865 年逝世，哈密顿都没有解决这个问题。

　　1872 年，英国当时最著名的数学家凯莱（1821—1895）正式将这个问题向伦敦数学学会公开，于是这个看似简单的四色猜想便成了世界数学界关注的问题。一时间各路数学英雄纷纷加入四色猜想的"大会战"，不时有人宣

四色猜想示意图

称解决后来又被否定。虽然研究有了一定进展，如肯定了"五色"，否定了"三色"，等等，但"四色"仍然让数学家们绞尽脑汁，同时研究过程也刺激和促进了拓扑学与图论的发展。

有关这个猜想的名人轶事也不少。传说德国著名数学家、爱因斯坦的老师闵科夫斯基（1864—1909）在一次拓扑课上向学生们自负地宣称："这个定理没有被证明的最主要原因是至今只有一些三流的数学家在这上面花过时间。下面我就来证明它……"于是闵可夫斯基拿起粉笔开始证明。这节课结束的时候，闵可夫斯基没有证完，到下一次课的时候，他继续证明，一连几个星期过去了……一个阴霾的早上，闵可夫斯基跨入教室，那时候，恰好一道闪电划过长空，雷声震耳，闵可夫斯基很严肃地说："上天被我的骄傲激怒了，我的证明是不完全的……"

进入 20 世纪以来，特别是电子计算机问世以后，演算速度迅速提高，给四色猜想的证明提供了新的可能。1976 年，美国数学家阿佩尔（1932—2013）与德国数学家哈肯（1928— ）在美国伊利诺伊大学的两台不同的电子计算机上，用了 1200 小时，终于完成了四色猜想的证明，才让四色猜想变成四色定理。这也是第一次在计算机辅助下进行的数学证明。也就是说，计算机第一次进入了数学证明的领域，数学研究方法由此开辟了机器证明的新领域。然而这种证明方式并不被所有数学家接受，因为它不能由人工直接验证，而且必须对计算机编译的正确性以及运行程序的硬件设备予以充分信任。这也引发了计算机在人们生活中所能或即将扮演的角色的哲学讨论。

救谁困境

对于先救老婆还是先救老妈这个"千古难题"，讨论的热度从来就没低过，并且解决方案五花八门。男士们看后还是一头雾水，不敢以身试解。很多人考虑了各种可能性，得出无解结论的也不在少数。

救老妈还是救老婆

其实这个问题古已有之。早在千年前的三国时期，就有人提过。提问者是谁？名气不小的魏文帝曹丕。《三国志 裴松之注》中记载：

太子燕会，众宾百数十人，太子建议曰："君父各有笃疾，有药一丸，可救一人，当救君邪，父邪？"

这里的太子就是曹丕，他在宴会上问大家：对于得了不治之症的主公和父亲，应该救谁？

传闻，曹丕不仅对待亲兄弟曹植刻薄寡恩，将其逼出传世的《七步诗》，对待大臣也心胸狭窄，曾记恨鲍勋多年，登基后借机置对方于死地。回到故事本身，曹丕在问到邴原时，得到的是带着怒气的回答："父也。"然而意外的是，《三国志 裴松之注》上记载的是"太子亦不复难之"。曹丕居然没有再为难他。

读了这段史事，虽然不知"救老妈还是救老婆"是不是始于此，但从历史的角度来看，这个问题在当时根本不会成为难题，倒是对着太子来选择"救君还是救父"的确凶险无比。所以这两个问题在各自的文化状态下的"囧境"是一样的。

如果分析这个问题的潜在条件，应该是：答题者有能力但只有一次救人机会。

同样性质的问题还有"鱼和熊掌不可兼得""既生瑜何生亮"等，到了数学这里，就可以抽象为二择一的弃保问题。在一系列的优化问题中，二择一应该还算比较容易处理的。

在现实生活中，极端的救老婆还是救老妈的选择很难碰到，但大量的弃保问题却处处存在，不可回避。虽然有时放弃很痛苦，但"壮士断臂"也不失英雄气概。"要江山还是要美人"就是一个绝佳的历史例子。那么如何选择为优，相信读者还是有一定兴趣的。

就先救谁的问题本身，其难度在于讨论问题的对象被赋予了特定的感情色彩，而感情的无价性使得其很难用科学的优化手段来处理。科学的方法是要巧妙地把对象的感情和人文意义淡化，纯粹考虑两个无感情色彩、无人文背景的物体，然后再讨论效益的最大化，从而得解，这种手段在对社会问题的科学化中常被应用。例如，医生在问诊时可以把病人当亲人，但在手术台上必须把病人当"物体"，不带感情色彩，才能冷静从容地下刀，使手术的效果达到最好。这也是很多医生不给至亲做手术的原因。在这个前提下，容易得到如下准则：

- 异值两物二择一当取值大者；
- 同值两物二择一当取易达者。

这个准则其实早为大家所熟悉，因为我们有古训——丢卒保车。但大多数时间，我们的困惑不在于这个准则，而在于如何量化两个对象，这是数学应用于社会科学最大的困难之一。

人生天平

下面我们也分几个层次来讨论两个比较对象的量化问题。

第一层次，是两个具体物体，有市场报价，如普通商品，那么择其大者为易事，谁都会。

第二层次，是具体物体，但价格会不断变化，如股票。那么我们可以用随机过程的方法，在已掌握的信息条件下，取未来的条件数学期望，然后进行比较。这种方法不能保证你得到的比较结果一定正确，但在已有的信息条件下你最有可能得出正确结论。用这种方法，信息越少，不确定性越大，所以信息当然是多多益善了。

第三层次，是具体物体，但无市价，如古董、文物等，那么可以通过拍卖来定价，或者通过类似案例来估价。

第四层次，是具体物体，但加入了感情色彩，于是物体除了原价，还要算上感情附加值，这个值如何算，参见第五层次的估价处理。但要当心，滥用感情因素会影响判断力。这就是人们"恋爱中的人智商低"的感觉和"不要感情用事"的谆谆告诫背后蕴含的道理。

第五层次，不是具体物体，是一些抽象的东西，如爱情、亲情、友情等。这些东西无价，但可能可以排序，不过顺序受排序人的文化背景、生活经历等影响。也就是说，这些东西与价值观和评价体系的关系甚大，有诗为证——"生命诚可贵，爱情价更高，若为自由故，二者皆可抛"，匈牙利爱国诗人裴多菲（1823—1849）在这首诗里给生命、爱情和自由排了个序；而成语"大义灭亲"则是将"大义"排在"亲"前面。但换一个人，换一个地方，或者换一个时间，都可能会有不同的排序。例如，以前大力赞扬为保卫国家财产献出生命，暗含国家财产大于个人生命的意味，而现在不惜人力物力抢救生命，更体现人民至上、生命至上的理念。再如，很多人推崇为工作而忽略家庭的行为为高尚，从而有"事业 > 家庭"；另一方面，也有人赞赏为家庭放弃工作的行为为伟大，前面的不等号就反过来了。对于这些抽象东西的排序，目前比较流行的方法是层次分析法。我们熟悉的"去掉一个最高分，去掉一个最低分，剩下的分取平均分"的打分法就是其应用之一。层次分析法不是很严格的方法，但它毕竟提供了一个数学模型使我们可以做出选择，因而有很广泛的应用。

第六层次，两个对象完全无法量化，那么就扔钢镚儿或者跟着感觉走吧，这就是有人提出的"本能决定法"。

其实，真正困难的是选择和决定，相信许多人都面临过艰难的选择。在无选择的年代，我们可能会抱怨；在太多选择的今天，我们却常常失去了方向，惶惑不安。我们的明天常常要为今天的选择而承担后果。优柔寡断和刚愎自用都是抉择的大敌，只有在严密分析和正确计算的基础上当断则断才有可能做出最优的选择。

算经趣题

在悠悠的中国历史中，数学也常常闪光，其中有两本耀眼的数学著作《九章算术》和《孙子算经》。这两本书是中国古代重要的数学著作，前者的主要内容在先秦已具备，秦火中散坏，经西汉张苍、耿寿昌先后删补而成，共9卷；后者作者不详，约成书于公元400年前后，共3卷。这里我们介绍其中3个著名趣题："引葭赴岸""同余定理""鸡兔同笼"。

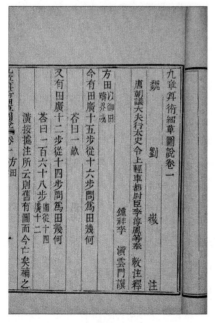

《九章算术》

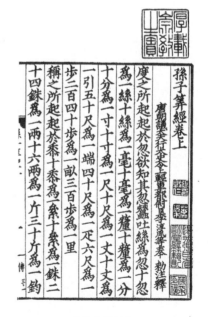

《孙子算经》

"引葭赴岸"出自《九章算术》：

今有池一丈，葭生其中央，

出水一尺，引葭赴岸，适与岸齐。

问水深，葭长各几何。

这里的葭有两种含义，读"xiá"指荷叶，读"jiā"指初生的芦苇。

"引葭赴岸"的求解，要用到勾股定理。勾股定理最早出现在中国，之后由古希腊的毕达哥拉斯证明，但毕达哥拉斯也因此带来了无理数，并引发了第一次数学危机。其解的过程今天看来是如此简单：设 x 为水深（尺），则葭长为 $x+1$，则由勾股定理得 $x^2+5^2 = (x+1)^2$，解之得 $x=12$，即水深 12 尺，葭长 13 尺。

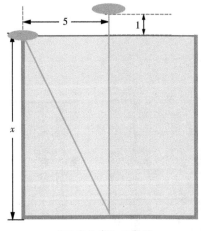

"引葭赴岸"示意图

"同余定理"关联着一个著名的历史故事。西汉大将军韩信（？—前 196）有一种特殊的清点士兵人数的方法。他的方法是：让士兵先列成每行三人的纵队，再列成每行五人的纵队，最后列成每行七人的纵队。他只要知道大概的士兵人数，就可以根据这三次列队排在最后一行的士兵是几个人，而推算出士兵的准确人数。这就是《孙子算经》里提到的数学中的同余问题，明代数学家程大位（1533—1606）在《直指算法统宗》中就用诗歌的形式巧妙地提出了其解题方法。解题的"鬼谷算"口诀就是下面这首诗：

> 三人同行七十稀，五树梅花廿一枝，
>
> 七子团圆月正半，除百零五便得知。

《孙子算经》卷下"物不知数"一题的原文写道："今有物不知其数，三三数之剩二，五五数之剩三，七七数之剩二，问物几何？"《孙子算经》不但给出了答案，还提供了解法："三三数之剩二，置一百四十；五五数之剩三，置六十三；七七数之剩二，置三十，并之，得二百三十三，以二百一十减之，即得。"也就是说，问题的答案是 23。

据说华罗庚在 14 岁时，就在数学课上回答了这个问题，老师很讶异，以为华罗庚读过《孙子算经》，华罗庚说："《孙子算经》我没读过，但我是这样想的，三个三个地数，余二，七个七个地数，余二，余数都是二，那么，总数就可能是 3 乘 7 加 2，等于 23，23 用 5 去除，余数又正好是 3，所以，23 就是所求的数了。"回到"韩信点兵"的口诀，例如，韩信为了点算一群士兵的数目（100 左右），3 人为一组，记下余数为 a，5 人一组余数为 b，7 人一组余数为 c，则士兵数 $N = 35a + 21b + 15c$（若大于 105，须减去 105）。例如，$a = 2, b = 4, c = 3$，则士兵数 $N = 199 - 105 = 94$。

南宋数学家秦九韶（约 1208—约 1261）在著作《数书九章》（1247 年撰成）中将"物不知数"这类问题的解法进行了系统论述，明确地提出了求解一次同余方程组的一般计算步骤，并称其为"大衍总数术"，这在世界数学史上占据崇高地位，比西方同类解法早了约 500 年。所以，西方数学史著作常常称求解一次同余方程组的同余定理为"中国剩余定理"。

"鸡兔同笼"是一道非常古老的数学题，这道数学题带着浓浓的古代农家生活气息。当然在有代数方法的今天，这实在算不上难题，然而在古代，它也着实为难了一大批才子佳人。

鸡兔同笼

《孙子算经》这样记载这道趣题：

今有雉兔同笼，上有三十五头，下有九十四足，问雉兔各几何？

翻译过来就是一个大笼子里关着一些鸡和兔子，数数有 35 个头、94 只脚，问笼子中有多少只鸡、多少只兔？我小时候第一次看到这道题时，气就不打一处来，都数头了，还分不清鸡头兔头？就假设数头的人视力太差，分辨不出来吧。不过在今天的有些场景中还真有可能出现类似情况，扫描只能分辨有还是没有，不能分辨是什么，看来古代人也挺有远见，知道今天的有些人脸识别机器人比较笨吧。回到解题上来，传统的解法有许多，下面举两个例子。

- [砍足法] 假如砍去每只鸡、每只兔一半的脚，则鸡就成了"独角鸡",兔就成了"双脚兔"。这样,鸡和兔的脚的总数就由 94 只变成 94÷2=47(只);这样一来,笼子里每有一只兔子,脚的总数就比头的总数多 1。因此,脚的总数 47 与头的总数 35 的差,就是兔子的数量,即 47-35=12(只)。显然,鸡的数量是 35-12=23(只)。

- [假设法]假设全部是鸡,头有 35 个,则脚有 35×2=70(只),相差的 94-70=24(只)是兔多出的脚,每只兔多 2 只脚,则兔有 24÷2=12(只),鸡有 35-12=23(只)。

今天我们用代数方程,很容易得到答案:

- [代数法]假设兔有 x 只,则鸡有 35-x 只,列式为 $4x+(35-x)×2=94$,解得兔有 $x=12$(只),鸡有 35-12=23(只)。

不管是"同余定理"还是"鸡兔同笼",都是今天代数学的基础问题。代数是研究数、数量、关系、结构等的数学分支。数和量通常被抽象出来用字母代替,故称代数,这些关系形成的等式(系统)被称为代数方程(组)。这些方程和方程组的通用解法及其性质也是代数的重要研究内容。常见的代数结构类型有群、环、域、模、线性空间等。

巧船过河

过河问题是一个比较古老而又十分有趣的数学智力问题，问题的背景有很多种描述，如人、狼和羊过河等。这里我们展示其中的一种。

有3名士兵要押送3名俘虏乘一条小船过河，该船每次最多只能容纳两个人。士兵们提防着这些俘虏，俘虏们没有钱，不会自己跑，但一旦俘虏人数多于士兵人数，俘虏就可能抢夺士兵的武器和钱财并脱逃。由于士兵们控制着乘船的指挥权，所以他们就可以采用一个安全的过河方案，确保自己能顺利押送俘虏过河。试为士兵设计合理的过河方案。

解决这个问题有很多方法，我们在这里提供一个通用的方法。

设在过河过程中，此岸的士兵数为 x，俘虏数为 y，则向量 (x, y) 表示在渡河过程中在此岸的士兵数和俘虏数，该向量称为状态向量。而

$$E = \{(x, y) \mid x, y = 0, 1, 2, 3\}$$

为所有可能的状态向量的集合。在该集合中，有一部分状态向量对士兵而言是安全的，这些状态组成的集合称为容许状态集合，记为 S。通过枚举的方法，有

$$S = \{(3, y) \mid y = 0, 1, 2, 3\} \cup \{(0, y) \mid y = 0, 1, 2, 3\} \cup \{(x, y) \mid x = y = 1, 2\}$$

在对页图中，实点表示容许状态集合。

渡河的方案称为决策，也用向量 (x, y) 来表示，其意义是 x 名士兵和 y 名俘虏同坐一条船。在这些决策中，有些是符合条件的，称为容许决策或可行决策。

小船从此岸到彼岸的一次航行，会使此岸的状态发生一次变化，这样的变化称为状态的转移。用

$$s_1(x, y), s_2(x, y), s_3(x, y), \cdots$$

表示每一次的状态，其中 $s_i \in S$，$s_1 = (3, 3)$。用 $d_i(x, y)$ 表示在状态 s_i 下所做出的决策，则当 i 为奇数时，表示的是从此岸到彼岸的渡河；而当 i 为偶数时，表示的是从彼岸向此岸的渡河。因而相应的关系是：

$$s_{i+1} = s_i + (-1)^i d_i , \quad i = 1, 2, 3, \cdots \tag{2.3}$$

上式称为状态转移方程。

由此，渡河问题转变为寻找一系列的决策 d_i 使状态 s_i ($i = 1, 2, 3, \cdots$) 按式 (2.3) 经有限次的转移从初始状态 $s_1 = (3, 3)$ 到达终止状态 $s_n = (0, 0)$。

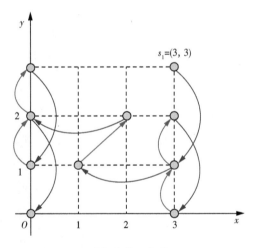

过河决策示意图

由以上分析可知，解题过程实际上就是寻找一系列决策的过程。在上图中，蓝色曲线弧表示从此岸向彼岸渡河，红色曲线弧则表示从彼岸返回此岸的过程。容许决策 d_i 表现为从一个实点向另一个实点的转移。当 i 是奇数时，容许决策表示向下和向左的转移；而当 i 是偶数时，决策表示向上和向右的转移。从图中可以看到，经过若干次的转移，士兵和俘虏都顺利地到达了彼岸，

巧船过河

即此时的状态为 $s_n = (0, 0)$。整个渡河过程可以用下表来表示。

渡河问题的状态转移过程

序号	状态	决策	序号	状态	决策
1	(3, 3)	(0, 2)	7	(2, 2)	(2, 0)
2	(3, 1)	(0, 1)	8	(0, 2)	(0, 1)
3	(3, 2)	(0, 2)	9	(0, 3)	(0, 2)
4	(3, 0)	(0, 1)	10	(0, 1)	(0, 1)
5	(3, 1)	(2, 0)	11	(0, 2)	(0, 2)
6	(1, 1)	(1, 1)	12	(0, 0)	—

从上表中可以看到，经过 11 次转移，最终士兵和俘虏都顺利到达了河的彼岸。

这类问题在现代数学如图论、数学规划中有多种解决方案。

谁胜谁负

博弈论又被称为对策论，属于运筹学。对策问题是二人或多人在竞争状态下各自利用对方的策略变换自己的对抗策略，达到取胜的目的。今天，博弈论在经济、政治、军事、进化生物学以及计算机科学等领域都有广泛的应用。此外，它还与数学、统计学、会计学、社会心理学等学科都有重要联系。而对策问题恐怕从人类诞生那天就开始了。有争执，就有博弈；有博弈，就有对策。

我国春秋末期著名军事家孙武（约前 6 世纪末至前 5 世纪初）的《孙子兵法》不仅是一部军事著作，而且算是我国最早的一部博弈论著作。博弈论起源于 20 世纪初。1928 年，美籍匈牙利数学家冯·诺伊曼（1903—1957）证明了有关两人零和矩阵博弈的主要结果，奠定了博弈论的理论基础。谈到博弈论就不能不提到天才纳什，他提出了纳什均衡的概念和均衡存在定理。博弈论

孙武

是研究对策现象的数学理论和方法。局中人的决策是相互影响的，每个人在决策的时候必须将他人的决策纳入自己的决策考虑之中，当然也需要把别人对自己的考虑纳入考虑之中，在如此迭代考虑的情形下进行决策，选择最有利于自己的战略。对策现象必须包含局中人（对策中有决策权的参与者）、策

略（局中人的可行方案）和赢得函数（局中人的策略结果）三部分。我们以田忌赛马的故事来说明这些概念。

今天的对策论主要用数学的方式研究激励结构间的相互作用，即研究具有竞争性游戏的数学理论和方法。这种理论对游戏中的个体行为进行预测和实际检验，并研究它们的优化策略。它发源于古老的智慧，并发展成现代经济学的重要分析工具之一，在金融、生物、国际关系、政治、军事战略等很多领域都有广泛的应用。计算机的发展为其应用插上翅膀，众所周知的人工智能围棋就是其应用的一大实例。

田忌赛马是一个非常著名的博弈论例子。战国时期，齐威王与田忌进行赛马。双方约定：双方要分别从自己拥有的马匹中派出上、中、下三个等级的马，比赛三局，派出的马不可重复，每局负者要付给胜者千金。当然，田忌的马不如同一等级的齐威王的马，而如果田忌派出的马高齐威王一等级，则田忌会赢下这一局。

现在我们用现代博弈论的观点来看田忌赛马。

田忌和齐威王就是这个对策的两个局中人，分别称为局中人1和局中人2。假设以 (x, y, z) 表示依次派出的赛马等级，其中 $x, y, z \in \{$上，中，下$\}$，则两个局中人都各有 6 个策略，分别为（上，中，下）、（上，下，中）、（中，上，下）、（中，下，上）、（下，上，中）和（下，中，上）。

记 $S_1 = \{s_1, \cdots, s_6\}$ 为田忌的策略集合，$S_2 = \{s_1, \cdots, s_6\}$ 为齐威王的策略集合，其中 $s_i = (x, y, z)$，田忌每赢一局记为 1 分，每输一局记为 –1 分，则我们有一个田忌的赢得函数 $H(s_i, s_j)$，例如 $H(s_1, s_1) = -3$。对于两个局中人，他们一方的所得就是另一方的所失，我们称该对策是二人的零和对策。穷举齐威王和田忌可能使用的所有对策，共 36 种情形，我们得到田忌的赢得矩阵如下，其中矩阵的元素 a_{ij} 就是赢得函数 $H(s_i, s_j)$。

田忌赛马

上中下	上下中	中上下	中下上	下上中	下中上	田忌／齐威王
-3	-1	-1	-1	1	-1	上中下
-1	-3	-1	-1	-1	1	上下中
-1	1	-3	-1	-1	-1	中上下
1	-1	-1	-3	-1	-1	中下上
-1	-1	-1	1	-3	-1	下上中
-1	-1	1	-1	-1	-3	下中上

定理 2.1　记某一局中人的赢得矩阵为 A，其策略集为 $S_1=\{\alpha_1,\cdots,\alpha_m\}$，另一局中人的策略集为 $S_2=\{\beta_1,\cdots,\beta_n\}$，则 $A\in\mathbf{R}^{m\times n}$。若有某个 i^*,j^* 使得

$$a_{ij^*}\leqslant a_{i^*j^*}\leqslant a_{i^*j},\quad i=1,2\cdots,m,\ j=1,2,\cdots,n$$

则局中人的最优策略分别为 α_{i^*} 和 β_{j^*}。事实上，该策略存在以下充要条件：

$$\max_i \min_j a_{ij} = \min_j \max_i a_{ij} = a_{i^*j^*}$$

称矩阵 A 中的元素 $a_{i^*j^*}$ 的值为矩阵对策的值，这个值也是矩阵 A 的鞍点。

例 求解如下矩阵对策：

$$
\begin{array}{cccc}
\beta_1 & \beta_2 & \beta_3 & \beta_4 \\
\end{array}
$$

$$
\begin{pmatrix}
-1 & 2 & -2 & 4 \\
2 & -1 & 3 & 3 \\
2 & 3 & 5 & 3 \\
0 & -2 & 3 & -1
\end{pmatrix}
\begin{array}{c}
\alpha_1 \\
\alpha_2 \\
\alpha_3 \\
\alpha_4
\end{array}
$$

$$
\begin{array}{cccc}
2 & 3 & 5 & 4
\end{array}
\quad \max \Big/ \min
$$

$$
\begin{pmatrix}
-1 & -2 & -2 & -4 \\
2 & -1 & 3 & 3 \\
2 & 3 & 5 & 3 \\
0 & -2 & 3 & -1
\end{pmatrix}
\begin{array}{c}
-2 \\
-1 \\
2 \\
-2
\end{array}
$$

每一行最小的数分别为 -2, -1, 2, -2，其最大值为 2。每一列最大的数分别为 2,3,5,4，其最小值为 2，两者相等。因此，对策值为 2，最优策略为 (α_3, β_1)。

当局中人 1 选择 α_3 时，局中人 2 不能偏离策略 β_1，否则其损失只能更大；反之，当局中人 2 选择 β_1 时，局中人 1 最多赢得 2。局中人 1 若选择 α_2，可能的最好结局是赢得 3，但有可能损失 1。

矩阵对策具有如下两个性质。

性质 1（无差别性）：若 $(\alpha_{i_1}, \beta_{j_1})$，$(\alpha_{i_2}, \beta_{j_2})$ 是对策的两个解，则有 $a_{i_1j_1} = a_{i_2j_2}$。

性质 2（可交换性）：若 $(\alpha_{i_1}, \beta_{j_1})$，$(\alpha_{i_2}, \beta_{j_2})$ 是对策的两个解，则有 $(\alpha_{i_1}, \beta_{j_2})$，$(\alpha_{i_2}, \beta_{j_1})$ 也是对策的解。

但是，在很多情况下，矩阵并不一定有鞍点，如 $\begin{pmatrix} 3 & 4 \\ 6 & 2 \end{pmatrix}$。田忌和齐威王的赛马对策对应的矩阵也是没有鞍点的。事实上，我们容易看出，两人赛马对策对应的矩阵每行的最小值都是 –3，每列的最大值都是 1，不能相等。

当对策矩阵不存在鞍点时，局中人会尽量利用对自己有利的策略以保证自己的赢得函数最大。此时，局中人 1 按照概率 $\boldsymbol{x} = (x_1, \cdots, x_m)^{\mathrm{T}}$ 取策略集 $\{\alpha_1, \cdots, \alpha_m\}$ 中的某个策略，局中人 2 则按概率 $\boldsymbol{y} = (y_1, \cdots, y_n)^{\mathrm{T}}$ 取策略集 $\{\beta_1, \cdots, \beta_n\}$ 中的某个策略。$(\boldsymbol{x}, \boldsymbol{y})$ 称为混合局势，其原意为取一个纯策略的相应概率。因此，$(\boldsymbol{x}, \boldsymbol{y})$ 满足 $x_i, y_j \geqslant 0$ 且 $\sum_{i=1}^{m} x_i = \sum_{j=1}^{n} y_j = 1$。此时，局中人 1 的赢得函数为

$$E(\boldsymbol{x}, \boldsymbol{y}) = \boldsymbol{x}^{\mathrm{T}} \boldsymbol{A} \boldsymbol{y} = \sum_{i=1}^{m} \sum_{j=1}^{n} a_{ij} x_i y_j$$

定理 2.2 混合对策有解的充要条件是，存在满足 $x_i^* \geqslant 0$, $y_j^* \geqslant 0$，且 $\sum_{i=1}^{m} x_i^* = \sum_{j=1}^{n} y_j^* = 1$ 的 $(\boldsymbol{x}^*, \boldsymbol{y}^*)$，使得

$$E(\boldsymbol{x}, \boldsymbol{y}^*) \leqslant E(\boldsymbol{x}^*, \boldsymbol{y}^*) \leqslant E(\boldsymbol{x}^*, \boldsymbol{y})$$

对于所有 $\boldsymbol{x}, \boldsymbol{y}$ 成立，其中 $\boldsymbol{x}, \boldsymbol{y}$ 满足 $x_i, y_j \geqslant 0$ 且 $\sum_{i=1}^{m} x_i = \sum_{j=1}^{n} y_j = 1$。

若在某对策中，两个局中人的赢得函数之和非零，我们称该对策为非零和对策，并且可用双矩阵对策来表示。假设局中人 1 的策略集为 $\{\alpha_1, \cdots, \alpha_m\}$，局中人 2 的策略集为 $\{\beta_1, \cdots, \beta_n\}$，并设两人在对策 (α_i, β_j) 下的赢得函数分别为 a_{ij}, b_{ij}。双矩阵对策的赢得矩阵是一个 m 行 n 列的矩阵，其元素 (i, j) 即为 (a_{ij}, b_{ij})。

在田忌赛马这个案例中，齐威王兵强马壮，占尽了天时地利人和，一般在与臣子的比试中他的赢面很大。但从我们的分析中可以看出，他并没有必胜的把握，他一直能赢，恐怕是因为一般臣子也就陪君主玩玩，最好输掉比赛博君一笑，从而他过于自大，暴露了自己的策略，这才让"不知好歹"的孙膑有机会"对症下药"，捕捉到那一点点的赢面而帮助田忌取胜。所以这

个例子从另一方面说明"知己知彼，百战不殆"的真谛。这也是在战争中情报战的重要性。

随着数学的发展，近代的博弈论也飞速发展，其中，纳什对此做出了重大贡献。纳什，著名数学家、经济学家，主要研究博弈论、微分几何学和偏微分方程，是电影《美丽心灵》的男主角原型。由于他与另外两位数学家在非合作博弈的均衡分析理论方面做出的开创性贡献，对博弈论和经济学产生了重大影响，他们于 1994 年获得了诺贝尔经济学奖。下面的例子是著名的博弈模型——囚徒困境。

纳什

假设有两个犯罪嫌疑人 A 和 B 联合作案，私闯民宅偷窃被警察抓住。警方将两人置于不同的房间内进行审讯，对每一个犯罪嫌疑人，警方给出的政策是：如果一个犯罪嫌疑人坦白了罪行，交出了赃物，于是证据确凿，两人都被判有罪，如果另一个犯罪嫌疑人也坦白，则两人均被判刑 8 年；如果另一个犯罪嫌疑人没有坦白而是抵赖，则以妨碍公务罪（因已有证据表明其有罪）再加刑 2 年，坦白者则因有功被减刑 8 年，立即释放。如果两人都抵赖，警方则会因证据不足而不能定两人的偷窃罪，但两人都会因私闯民宅的罪名被判刑 1 年。下表给出了这个对策的赢得矩阵。

囚徒困境的赢得矩阵表

	B 坦白	*B* 抵赖
A 坦白	(−8,−8)	(0,−10)
A 抵赖	(−10,0)	(−1,−1)

对 A 来说，尽管他不知道 B 如何选择，但他知道无论 B 选择什么，他选

择"坦白"总是最优的。显然，根据对称性，B 也会选择"坦白"，结果是两人都被判刑 8 年。但是，倘若他们都选择"抵赖"，每人只被判刑 1 年。在四种行动选择组合中，(抵赖, 抵赖) 是最优的，因为偏离这个行动选择组合的任何其他行动选择组合都至少会使一个人的境况变差，所以这个组合是不稳定的。不难看出，"坦白"是任一犯罪嫌疑人的占优战略，而 (坦白，坦白) 是一个占优战略均衡。

记矩阵 $A = (a_{ij})$，$B = (b_{ij})$，则对于非零和对策有如下定义。

定义 2.1 设 $x = (x_1, \cdots, x_m)^{\mathrm{T}}, y = (y_1, \cdots, y_n)^{\mathrm{T}}$ 为两个局中人的混合策略，若存在一对策略 (x^*, y^*) 使得 $x^{\mathrm{T}}Ay^* \leqslant x^{*\mathrm{T}}Ay^*$，且 $x^{*\mathrm{T}}By \leqslant x^{*\mathrm{T}}By^*$，则称该策略为对策的一个平衡点，或**纳什均衡点**。

在近代博弈论中，纳什均衡点往往是解决问题的关键，也是人们寻求的要点。

七桥一笔

18 世纪初的哥尼斯堡，有一条河穿过城市的中心，河中分布着两个小岛，有七座桥将两个岛与河岸连接起来，很多人在这里散步、休憩和观光。于是就产生了这样的问题：可不可以一次走遍七座桥，回到起点，并且每座桥只经过一次？这个问题看似非常简单，但是却难住了当时博学的教授们，最后大数学家欧拉解决了这一问题。这就是著名的哥尼斯堡七桥问题，后来也被简称为"一笔画"问题。这个问题也被认为是图论学科的起源。

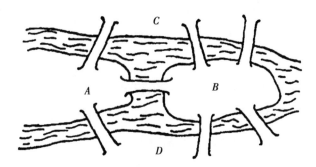

哥尼斯堡七桥问题示意图

欧拉用数学方法解决了这个问题。他不仅将这个问题抽象成数学模型，还给出了他的解决方案，并且提出了连通网络"一笔画"的充要条件，以此开创了图论和几何拓扑学等新的数学领域。

欧拉，瑞士数学家、自然科学家，18 世纪数学界最杰出的人物之一，他不但为数学界做出贡献，更把整个数学推至物理的领域。他也是数学史上最

"多产"的数学家,对许多数学的分支都有研究。此外,欧拉还涉足建筑学、弹道学、航海学等领域。

欧拉

关于七桥问题,欧拉的方法如下。

第一步,抽象出模型。人们在岸上和岛上行走的路线与距离,以及桥的形状和长度,都与此问题无关,我们只需要关注过桥的顺序。基于这一考虑,用点表示小岛和河岸,用两点之间的连线表示连接它们的桥,将河岸、小岛和桥简化为一个网络。

第二步,将第一步的抽象思维具体到七桥问题可得到一张简单的图(如右图所示)。所要求解的问题就转化成了是否可以从图中一点出发,不重复地经过每条连线后回到起点。七桥问题转化成判断这张连通网络能否"一笔画"的问题。

七桥问题的示意简图

第三步,观察到我们在经过图中各点的时候必然从一条连线进、从另一条连线出,因此所要求的"一笔画"走法,其必要条件是图中与每个点相连的连线数是偶数。而七桥问题的连通网络共有 4 个点,与每个点相连的连线数都是奇数(3 或 5)。

由此,欧拉得出结论:哥尼斯堡七桥问题中所要求的"一笔画"走法是不存在的。欧拉还以此推出了一般网络"一笔画"的充要条件:网络是连通的,并且奇顶点(与此点相连的连线数是奇数)的个数为 0 或 2。

七桥问题并不简简单单是一个智力游戏,其发展出来的理论在生活中有很大的用途,如解决在复杂的地铁线路中如何快速抵达目的地等问题。

第三章

日常中的
数学之光

在琐碎繁复的日常生活中，我们会遇到林林总总的问题，如何解决这些问题也是"八仙过海，各显神通"。在很多人心里，数学"高高在上"，不食人间烟火。而事实恰恰相反，数学非常"接地气"。如果掌握了数学思维，透过现象，我们就可以看透本质，理解事情的原委；如果掌握了数学方法，我们就有了处理诸多繁杂而棘手的实际问题的科学利器。

在这一章，我们就来分析一些貌似司空见惯却有数学深意或者可以用数学方法解决的日常问题。

比较陷阱

比较是我们日常生活中常常遇到的事情。比什么？怎么比？为什么比？这里我们就来看一看，比一比。

比较原本是个数学概念，因为量化让许多事件有了大小，所以有了比较。比较在数学中的地位可谓不低，它可以研究性质、决定方向、优化策略、规划控制等。数学中有专门的不等号来说明数与数之间的比较关系，然而它也有极大的局限性，即用不等号表示的比较关系只能在确定了方向的一维欧几里得空间里成立。在其他空间里，必须建立一个参照系，约定一种叫"度量"的法则，才能进行比较。换句话说，必须找到空间中的每个成员共有的可度量的量并把它们映射到一维的欧几里得空间里才能比较。但我们都知道，这种比较依赖于我们的约定，当度量发生变化或者参照系发生变化时，比较关系很可能也会发生变化。即便在简单的二维空间中，纯粹的比较也是无法进行的，一个坐标转换，就可以颠覆原先的比较关系。而在复杂的泛函空间中，只要定义了度量，比较就可以进行，并在此基础上进一步做估计、控制以及收敛性研究等工作。当然，度量往往不是唯一的，在不同的度量下，比较关系也很可能不唯一。

相对纯净的数学尚且这么难比较，我们复杂的社会关系就更难比较了。可人们还是喜欢比较，自古至今，乐此不疲。

- 有孔夫子教导："三人行，必有我师焉。"
- 有爱因斯坦箴言："雄心壮志或单纯的责任感不会产生任何真正有价值

的东西，只有对于人类和对于客观事物的热爱与献身精神，才能产生真正有价值的东西。"

• 有泰戈尔咏唱："离你最近的地方，路途最遥远；最简单的曲调，需要最艰苦的练习。"

• 有毛泽东语录："卑贱者最聪明，高贵者最愚蠢。"

• 有雷锋日记："人的生命是有限的，可是，为人民服务是无限的，我要把有限的生命，投入无限的为人民服务之中去……"

比较中有以下几个常见的误区。

• 拿自己的短处和别人的长处比较，或者反过来——在不同度量测度下比较，前者自寻烦恼，后者自我安慰，例如鸡同鸭讲。

鸡同鸭讲

● 将偶然事件作为必然事件进行比较——将不同的两个空间中的元素进行比较，盲目相信运气，例如总怨自己手气不佳，中不了彩票。

● 预设参照标准，并默认这个标准唯一，只将比较对象拉到自己熟悉的参照系中进行比较——将部分性质的比较结果无限制推广到全部，例如，有人喜欢纵向比较，将年轻人与自己年轻时相比；有人喜欢横向比较，把外国人拉到中国环境下进行比较。

● 只比较外在的东西——选择的度量不能反映整体的性质，例如比吃，比穿，比化妆品的牌子，比手机的款式，比汽车的马力，比房子的大小。

● 在虚无的假设下进行比较——将度量乱放到不合适的空间，例如对已发生的事耿耿于怀，用"如果不那样／如果这样，就好了"来折磨自己。

● 将别人的评判作为参照系来左右自己的行动——在同一个空间里用太多不同的度量进行比较，例如，讨赞扬、忌批评，为别人不经意的一句话可以高兴半天，也可以难过一宿。

● 将成功算在自己头上，而将失误记在别人身上——度量使用不统一，例如，出了问题怨天尤人，有点成绩只想自己。

现在，我们再来看看在现实生活中比较的目的是什么，无非是得到肯定，或在竞争中获胜从而获取更多的资源。所以，在社会活动中，比较是必不可少的，于是也就有了各种各样的考试、测验、比赛、评估。于是有的人为高考狂，为评奖癫，为比赛疯。不错，这是我们不得不接受的现实，在一定程度上，我们必须承认并服从这些度量系统，但从前面的分析中也应该意识到，绝对的公平是没有的，这些比较的结果并不能代表一切。如果你认为什么系统不公平，什么度量不合理，就去全力改变它，如果你改变不了它，就接受它，不哀怨，不抱怨。如果你在现存制度里获胜，除了要感谢社会，还应该意识到——你是幸运的。

在今天的社会中，有一个量似乎在某种程度上可以作为一种大家公认的度量，那就是金钱。很多人已经有意无意地将收入作为成功的一个度量标准，并由此生出许多烦恼。然而这只是一个伪度量，在一定范围里也许有些作用，但绝不可以将其放于首位。想想从前收入不高的年代，人们的心态似乎还没有像现在这么浮躁，现在收入的绝对值高了，但贫富差距更大，人们的怨气似乎也更大——这都是比较惹的祸。

也有人将幸福作为度量，但幸福很难量化，从而很难比较。然而有的人却试图从各种比较中寻求幸福，这样的幸福，实际上也是一种伪幸福。

例如，博士生与农民工本来是难以比较的两类人群，但如果定义一个度量还是可以比一比的，或比辛苦，或比收入，或比贡献。意见分歧在于度量系统不一样，各比各的，自然吵得不可开交。事实上，就是比单项，也需要进一步量化，例如，比辛苦需要定义和量化辛苦，用出汗量，还是用脑程度？

比较是一把双刃剑，可以让你幸福，也可以让你痛苦。将自己从比较中解脱出来，追求自身人格的完善，学习别人的长处，理解别人的难处，坚定地走自己的路，向自己的理想迈进，"不以物喜，不以己悲"，你才能得到真正的幸福。

度量在比较中扮演着重要的角色。如果比较不得不做，虽然可以"排排坐，吃果果"，但在日常生活中还是有一些科学方法可以对难以比较的事情进行合理比较的，下面我们就谈谈为人们广泛接受的层次分析法。

层次分析法（analytic hierarchy process，AHP）是美国数学家萨蒂（1926—2017）在 20 世纪 70 年代初提出的一种可用来对一些不易量化的关系进行处理的数学方法，广泛用于工程技术、经济管理、社会生活等各方面。层次分析法把人的思维过程进行层次化、数量化，用数学方法进行分析、预报和控制，是一种把定性和定量结合起来的方法。

层次分析法的基本思想是，如果一个问题的目标由若干个因素决定，则这些因素在目标中的比重，或称为贡献值，是最重要的，也是首先要确定的。根据这些贡献值对不同的因素加以综合，得到一个总的贡献值，选择所得总贡献值最大的各因素综合的情形，我们就得到了最优方案。

层次分析法的具体步骤为：明确问题、建立递阶层次结构、构造两两比较的判断矩阵、层次单排序、层次综合排序。我们以下面的例子来说明使用层次分析法的一般操作过程。

某单位要选拔一名新的领导，初步选中3个人选，如何从他们中选择呢？他们的信息如下表所示。

萨蒂

根据以上信息，我们可以做出一个决策层次图。

3位候选人的信息

姓名	年龄	在本单位的工作年限	学历	管理经验
张老二（A）	53 岁	20 年	大专	8 年
李大四（B）	46 岁	14 年	本科	7 年
王小五（C）	38 岁	8 年	研究生	4 年

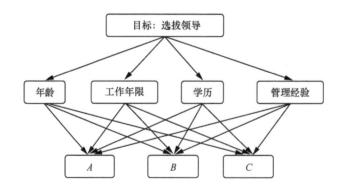

上述问题的决策层次图

我们称上层为目标层，第二层为准则层，底层为方案层。一般地，准则层可以有多个层次。

现在我们构造一个比较矩阵，反映年龄、工作年限、学历和管理经验等因素在选拔领导中的重要性。构造矩阵 A，使其元素 a_{ij} 反映因素 i 相比于因素 j 的重要性。一般地，a_{ij} 的取值对应的含义如下表所示。

比较矩阵元素a_{ij}的取值对应的含义

标度	含义
1	因素 i 与因素 j 的重要性相同
3	因素 i 比因素 j 稍微重要一点
5	因素 i 比因素 j 重要
7	因素 i 比因素 j 相对重要
9	因素 i 比因素 j 绝对重要
2,4,6,8	因素 i 比因素 j 的重要性介于上面描述的等级之间
1,1/2,1/3,$\cdots$	因素 j 比因素 i 的重要性为因素 i 比因素 j 的重要性的倒数

我们称该矩阵为成对比较矩阵，或判断矩阵。显然，

$$a_{ij} > 0, \quad a_{ij} = a_{ij}^{-1}, \quad a_{ii} = 1$$

对于判断矩阵 A，如果其元素满足传递性，即

$$a_{ik}a_{kj} = a_{ij}, \quad i,j,k = 1,2,\cdots,n$$

我们称该矩阵为一致判断矩阵。

我们记年龄、工作年限、学历和管理经验分别为因素 1,2,3,4。假定在该单位中，管理经验对选拔领导最为重要，学历和年龄次之，工作年限最为次要，我们可能得到如下比较矩阵：

$$A = \begin{pmatrix} 1 & 3 & 2 & 1/5 \\ 1/3 & 1 & 1/3 & 1/7 \\ 1/2 & 3 & 1 & 1/4 \\ 5 & 7 & 4 & 1 \end{pmatrix}$$

一般有如下 3 种方法可以得到各因素之间的相对权重。

（1）求和法。取判断矩阵的列向量归一化的算术平均值，即

$$w_i = \frac{1}{n}\sum_{j=1}^{n}\frac{a_{ij}}{\sum_{k=1}^{n}a_{kj}}, \; i=1,\; 2,\; \cdots,\; n$$

得到 4 个数分别为年龄、工作年限、学历和管理经验的权重。

（2）求根法。把上述求和法的计算公式改为

$$w_i = \frac{\left(\prod_{j=1}^{n}a_{ij}\right)^{\frac{1}{n}}}{\sum_{i=1}^{n}\left(\prod_{j=1}^{n}a_{ij}\right)^{\frac{1}{n}}}, \; i=1,\; 2,\; \cdots,\; n$$

（3）特征根法。记矩阵 A 最大特征值为 λ_{max}，其对应分量全为正的特征向量为 w。我们可以计算出，第一列对应的特征值 4.1387 为最大，它的 4 个分量（年龄、工作年限、学历和管理经验的权重）分别为 0.2837、0.0948、0.2099 和 0.9308。

通常，通过两两比较的方式得到的判断矩阵不具有传递性，即不一致，我们需要用一致性比率指标检验两两比较的方式是否失之偏颇。

一致性比率指标 CR 定义为 CR=CI / RI，若 CR<0.1，则认为判断矩阵的一致性是可以被接受的，其中 RI 是随机一致性指标，由下表给出。

RI的取值对照表

n	1,2	3	4	5	6	7	8	9	10	11	12	13	14	15
RI	0	0.58	0.90	1.12	1.24	1.32	1.41	1.45	1.49	1.51	1.54	1.56	1.58	1.59

CI 为一致性指标，它由下式给出：

$$CI = \frac{\lambda_{max}-n}{n-1}$$

我们可以得到上述矩阵 A 的一致性比率指标为

$$(4.1387-4)\div(4-1)\div0.9\approx0.051<0.1$$

因此该判断矩阵是可以被接受的。

下面，我们要给 A、B、C 三人按照每一项进行打分。按照模糊打分的方法，假设领导的最佳年龄是 45~50 岁，在此范围内记为 1 分，两边得分衰减；工作年限每 10 年换算成 1 分，不足 10 年按 10 年计算；学历得分也由相对重要性给出，学历越高得分越高，最高为 1 分；管理经验每 3 年换算成 1 分，不足 3 年按 3 年计算。3 位候选人的得分情况如下表所示。

3位候选人的得分情况

候选人	年龄得分	工作年限得分	学历得分	管理经验得分
A	0.9	2	0.7	3
B	1	2	0.8	3
C	0.7	1	1	2

这样，如果用特征根法，我们可以得到三人的综合打分如下。

A 的总分为 $0.9×0.2837+2×0.0948+0.7×0.2099+3×0.9308=3.3843$

B 的总分为 $1×0.2837+2×0.0948×+0.8×0.2099+3×0.9308=3.4336$

C 的总分为 $0.7×0.2837+1×0.0948+1×0.2099+2×0.9308=2.3649$

因此，B 的排名最高，A 次之，C 最低。

这样李大四在新领导选拔中脱颖而出，"抢到了果果"。其他人可能有点不服气，下次努力吧。

应用这个方法需要说明以下几点。

- 这个方法不是绝对正确的，而是相对可行的。

- 应用前大家必须接受游戏规则，选定因素、两两比较结果及权重方式，这些因素由评委会决定，应尽早公开。

- 结果一旦被计算出来，必须执行，除非计算错误或信息造假。如果发现其他不合理处，只能下次修正，本次不接受对规则的申述，否则任何结果都会"难产"。

· 参选者不管结果如何都应该意识到结果的局限性，所以要胜不骄、败不馁。胜出了不要太过得意，败北了也不要呼天抢地。

类似的例子在工作与生活中十分常见，如：研究生可试用这个方法选择自己的研究对象、专业、导师、课程等；导师可试用这个方法选择学生、项目、发文期刊、学术会议等；对网络上各种大学排名姑且听之，仅用于参考。

统计妙用

统计学在我们的生活中应用十分广泛，它是通过搜索、整理、分析、描述等手段处理数据，以推断所测对象的本质，甚至预测对象未来的一门综合性学科。统计学用到了大量的数学及其他学科的专业知识，其应用范围几乎覆盖了社会科学和自然科学的各个领域，例如人口普查、药物实验等。在如今计算机技术蓬勃发展的大数据时代，统计的重要性日益显现。有一种说法，21 世纪是数据的世纪。随着计算机技术和网络技术的高速发展，计算机可以处理的数据已经达到 TB 级，也就是 2^{40} 字节的量级，而网络则使得数据的收集和传输变得非常简易。这里举一个统计学应用的有趣例子。

第二次世界大战时期，德英两国空战不断，德国每天对英国进行不定时的狂轰滥炸。英方积极应战，战机的损失也不断增加。为了提高飞机的防护能力，英国的科学家、设计师和工程师决定给飞机增加护甲。但为了不过多加重飞机的负载，护甲必须加在最关键的部位，但哪些部位才是最关键的呢？

这时统计学家上场了，他们将每架中弹但仍返航的飞机的中弹部位描绘在图纸上，然后将所有这些图重叠，形成了一个深浅不等的弹孔分布图。他们拿着这张分布图，指着那些没有弹孔的部位说，这些就是要增加护甲的部位，因为这些部位中弹的飞机都没能返回。

我们的生活里充满随机，实际问题中充满了不确定，这些实际问题要么没有具体的求解方法，要么求解方法非常复杂。要解决这些问题有一个重要的方法叫蒙特卡洛方法，即随机模拟方法。例如，想求解一个不规则图形的面积，用矩形将不规则图形框住，将点随机地多次放入矩形中，矩形的面积乘以点落入不规则图形内的频率就可以得到不规则图形面积的估计值。

蒙特卡洛方法（Monte Carlo method）是一个以概率和统计理论方法为基础的计算机随机模拟方法。它以欧洲一个著名的赌城命名，生动反映了这一方法的概率统计特征。但它恰恰是处理不确定性问题的利器，在各行各业都有着大量的应用。它是通过计算机抽取的随机数（实际上是伪随机数）按照某些规律来模拟一些机理不清或者不确定的过程。大量试验后，通过统计方法找到一些确定性的东西如概率、数学期望之类的定量的近似解。随机试验次数越多，获得的近似解的精度也越高。这个方法的过程分为 3 个主要步骤：刻画随机过程模型，按已知概率分布实现抽样，通过模拟建立各种估计量。以下棋为例，在对弈过程中，后续的步骤是不确定的，深度学习可以通过蒙特卡洛方法的模拟及其结果来进行评估，从而通过评估函数的结果来确定走哪一步最优，这个评估当然和决胜原则、棋谱以及当前形势有关。可以想象，它可以模拟后面的步骤，但越往后模拟，计算就越繁杂，能算到后面多少步就要看计算机的能力和时间了。

蒙特卡洛方法是被称为"计算机之父"的伟大数学家冯·诺伊曼和乌拉姆（1909—1984）等参与曼哈顿计划的科学家们提出的。冯·诺伊曼原籍匈牙利，后移民美国，原本是一位成绩卓著的数学家，但自从他进入了应用数学领域，就在众多领域里攻城拔寨，立下赫赫战功。例如冯·诺伊曼与莫根施特恩（1902—1977）合著的《博弈论与经济行为》是博弈论的奠基性著作；冯·诺伊曼对计算机的贡献尤其大，他参与设计世界上第一台电子计算机，用二进制的程序内存给计算机的运行注入灵魂，开创数值分析和计算数学等数学分支，提出蒙特卡洛方法、探索人工智能等，由此带动计算机技术的飞速发展和应用。传说他有惊人的计算能力，曾经几分钟就算出了别人用当时的计算机算了一夜的结果，让人惊呼有了这个大脑，还要计算机干什么？可惜的是这个超强大脑的生理生命却是短暂的,1955 年他被查出罹患癌症,不到 54 岁就去世了,然而他却把他的超强大脑用计算机的方式留在了人间。

蒙特卡洛方法的一个应用实例是城市交通管理。堵车问题是一个难治的"城市病"。要想给出治理对策,首先要了解堵车的情况。

堵车

如何通过蒙特卡洛方法来模拟车辆通过路口的交通情况?

我们来分析一下这个问题。因为交通情况的随机性很强,这时蒙特卡洛方法就是一个很有力的工具。一般道路的交叉路口以十字路口居多,十字路口的车辆包括直行和左右转弯的车流。为了帮助读者了解这个问题,我们先从简单的情形开始思考,例如考虑只有直行车流的路口的情形。我们可以模拟一下,在红灯期间,会停下多少车?在下一次绿灯期间,这些车能不能及时通过该路口?

为了研究这些问题,我们需要简化问题,于是进行如下假设。

（1）路口有来回两路车流，两路车流的到达数均服从泊松分布，它们的泊松强度是一样的，如果不一样，取强度大的，记为 a。

（2）车流在绿灯时通过路口的平均速度为 v，红灯转为绿灯后，车辆由停转开，通过路口的平均速度为 u，显然 $v > u$。假设前一辆车通过路口后，后一辆车才启动。令 $u=50\text{m/min}$，路口长度为 50m。

（3）每次红灯持续时间为 c，绿灯持续时间为 d（假设 $c=1\text{min}$，$d=5\text{min}$）。

（4）忽略黄灯持续时间，假定车辆看到红灯后可以立即停车。

（5）开始时路口没有候车。

（6）开始时刚由绿灯转为红灯。

（7）暂不考虑出现交通事故的可能。

在绿灯期间，车辆以速度 v 驶过路口，不会发生拥堵。在红灯期间，车辆停在路口，车辆按泊松分布到达，即在等候红灯的时间 c 里，到达路口并停下等候的车有 n 辆的概率为 $\dfrac{(ac)^n}{n!}\,\mathrm{e}^{-ac}$（$n=1,\ 2,\ \cdots$），这里 a 是到达强度，需要根据路口情况事先确定。假如 $a=2$，$c=1$，那么在红灯期间，到达路口等待红灯的车辆数 n 及其对应的概率（近似值）如下表所示。

路口等待车辆数及其对应的概率

车辆数	0	1	2	3	4	5	6	大于6
概率	0.135	0.271	0.271	0.180	0.090	0.036	0.012	0.005
累积概率	0.135	0.406	0.677	0.857	0.947	0.983	0.995	1

使用蒙特卡洛方法的流程如下。

（1）抽取 [0,1] 之间均匀分布的随机数，确定这次模拟路口等待红灯的车辆数。例如，抽到 0.732，则这个数落在区间 (0.677, 0.857) 的范围里，所以这次模拟的停车数为 3。

（2）计算红灯转为绿灯后，在绿灯持续时间 d（5min）内，这 3 辆车以速度 u（50m/min）通过路口，共需时间 $t=(50\div50)\times3$（min）。如果 $t>d$，那么路口发生堵塞；否则，路口没有发生堵塞。在本次模拟中 $t=3\text{min}$，没有发生堵塞。

（3）抽取随机数很多次，如 10 000 次，记下其中多少次发生堵塞，从而估算出路口发生堵塞的概率。

利用同样的思想可以模拟多种更复杂的情况，举例如下。

- 根据一个多向交叉路口（如十字路口）的车流情况，确定红绿灯的最佳交换时间。

- 当车辆到达强度是时间的函数时，如早晚高峰期间强度很大，夜间强度很小，分析路口的交通情况。

- 如果知道事故发生的概率，也可以模拟计算事故发生后，疏导交通需要的平均时间。

今天是大数据的时代，统计学发挥着越来越大的作用，我们从数据中汲取信息、分析信息，并将理论应用到实际中去。

公平席位

我们在生活中经常遇到如何公平地分配代表席位的问题。从若干个团体中选举出部分代表组成一个可代表这些团体整体的管理委员会，如何确定各团体的代表数？这样的问题被称为席位分配问题。这里我们以一个实例介绍一种通过计算"公平度"来分配席位的方法。

投票选举

某学院有 3 个系，共有学生 200 人，其中 A 系 100 人，B 系 60 人，C 系 40 人。现成立一个由 20 名学生组成的学生会，则按比例分配方法容易得到分配方案为 $(10, 6, 4)$。现在 C 系有 3 名学生转入 A 系，又有 3 名学生转入 B 系。则按上面的方法有：

$$A \text{ 系选 } 20 \times \frac{103}{200} = 10.3 \text{（人）}, \quad B \text{ 系选 } 20 \times \frac{63}{200} = 6.3 \text{（人）}$$

$$C \text{ 系选 } 20 \times \frac{34}{200} = 3.4 \text{（人）}$$

取整后相应的分配方案仍为 $(10, 6, 4)$。

由于此时学生会成员数为偶数，这将给一些问题的表决带来一定的不方便，因此该学生会筹备组决定将学生会的成员数增加至 21 人，此时相应的分配方案又将如何？按上面规则有：

$$A \text{ 系选 } 21 \times \frac{103}{200} = 10.815 \text{（人）}, \quad B \text{ 系选 } 21 \times \frac{63}{200} = 6.615 \text{（人）}$$

$$C \text{ 系选 } 21 \times \frac{34}{200} = 3.57 \text{（人）}$$

取整后相应的分配方案为 $(11, 7, 3)$。

作为 C 系的代表，你将做何感想？

美国宪法第一条第二款对议会席位分配做了明确规定，议员数按各州相应的人数进行分配。最初议员只有 65 席，因为议会有权改变议员的席位数，到 1910 年，议员席位数增加到 435。该宪法并没有规定席位的具体分配办法，因此在 1881 年，当考虑重新分配席位时，议会发现用当时的最大余数分配方法，亚拉巴马州在 299 个席位中获得 8 个议席，而当总席位数增加至 300 时，它却只能分得 7 个议席。这种因总席位数的增加而导致某一单位席位数的减少的奇怪现象，被称为亚拉巴马悖论。

我们假定：在席位分配问题中，席位数总是大于团体数，并且是按照每个团体中的成员数进行分配的。

首先我们讨论两个团体之间的席位分配问题，可以用下表表示。

两个团体之间的席位分配问题

团体	总人数	席位数	每席代表人数
1	p_1	n_1	p_1/n_1
2	p_2	n_2	p_2/n_2

可以看出，如果分配方案是公平的，则应有 $\dfrac{p_1}{n_1}=\dfrac{p_2}{n_2}$。但在一般情况下，该条件很难满足。令 $k_i=\dfrac{p_i}{n_i}(i=1,2)$，该数是衡量公平性的一个指标。若 $k_1\neq k_2$，则称分配是不公平的，此时定义 $|k_1-k_2|=\left|\dfrac{p_1}{n_1}-\dfrac{p_2}{n_2}\right|$ 为两个单位的绝对不公平度，但该指标还不能完全反映两个团体的不公平现象。下表的数据就反映了这种状况。

团体席位分配示例

团体	总人数	席位数	每席代表人数	绝对不公平度
1	1010	10	101	1
2	1000	10	100	
3	10 010	10	1001	1
4	10 000	10	1000	

此时团体 1 与团体 2 的绝对不公平度和团体 3 与团体 4 的绝对不公平度均为 1，但显然前两个团体之间的不公平现象要比后两个团体之间的不公平现象严重。为此我们引入"相对不公平度"作为衡量席位分配是否公平的一个指标。

若 $k_1=\dfrac{p_1}{n_1}>k_2=\dfrac{p_2}{n_2}$，则团体 1 吃亏，称 $r_1(n_1,n_2)=\dfrac{k_1-k_2}{k_2}=\dfrac{p_1}{p_2}\cdot\dfrac{n_2}{n_1}-1$ 为团体 1 的相对不公平度；若 $k_2=\dfrac{p_2}{n_2}>k_1=\dfrac{p_1}{n_1}$，则团体 2 吃亏，同理，称 $r_2(n_1,n_2)=\dfrac{k_2-k_1}{k_1}=\dfrac{p_2}{p_1}\cdot\dfrac{n_1}{n_2}-1$ 为团体 2 的相对不公平度。

我们的目标是：每次分配后，每个团体的相对不公平度都达到最小。

经过了若干次分配后，我们进行下一次分配。此时我们假设团体 1 的席位数为 n_1，团体 2 的席位数为 n_2，并假设此时是团体 1 吃亏，即 $k_1>k_2$，此时 $r_1(n_1,n_2)$ 有意义。在对下一个席位分配时，考虑下面的几种情况和相应的分配方案：

（1）若把下一个席位分配给团体 1 之后仍然是团体 1 吃亏，即此时有

$\dfrac{p_1}{n_1+1} > \dfrac{p_2}{n_2}$，显然下一个席位应该给团体 1；

（2）若把下一个席位分配给团体 1 后是团体 2 吃亏，即 $\dfrac{p_1}{n_1+1} < \dfrac{p_2}{n_2}$，此时团体 2 的相对不公平度为 $r_2(n_1+1,\,n_2) = \dfrac{p_2}{p_1} \cdot \dfrac{n_1+1}{n_2} - 1$；

（3）若把下一个席位分配给团体 2 后是团体 1 吃亏，即 $\dfrac{p_1}{n_1} > \dfrac{p_2}{n_2+1}$，此时团体 1 的相对不公平度为 $r_1(n_1,\,n_2+1) = \dfrac{p_1}{p_2} \cdot \dfrac{n_2+1}{n_1} - 1$；

（4）最后一种情况是把下一个席位分配给团体 2 后是团体 2 吃亏，这是不可能发生的。

由此我们只需讨论在（2）和（3）的情况下，下一个席位的分配情况。我们的原则是将下一个席位分配给相对不公平度较大的一方，从而得到以下结论：

当 $r_1(n_1,\,n_2+1) > r_2(n_1+1,\,n_2)$ 时，这一席位应分配给团体 1；

当 $r_1(n_1,\,n_2+1) < r_2(n_1+1,\,n_2)$ 时，这一席位应分配给团体 2。

若 $r_1(n_1,\,n_2+1) > r_2(n_1+1,\,n_2)$，则有 $\dfrac{p_1}{p_2} \cdot \dfrac{n_2+1}{n_1} - 1 > \dfrac{p_2}{p_1} \cdot \dfrac{n_1+1}{n_2} - 1$，等价于 $\dfrac{p_1^2}{n_1(n_1+1)} > \dfrac{p_2^2}{n_2(n_2+1)}$。由此我们引入 $Q_i = \dfrac{p_i^2}{n_i(n_i+1)}$ $(i=1,2)$。在（2）与（3）的情况下，下一个席位应分配给 Q_i 值较大的一方。

对于情况（1），此时 $Q_1 = \dfrac{p_1^2}{n_1(n_1+1)} > \left(\dfrac{p_1}{n_1+1}\right)^2 > \left(\dfrac{p_2}{n_2}\right)^2 > \dfrac{p_2^2}{n_2(n_2+1)} = Q_2$，故将下一个席位分配给团体 1 也符合上述原则。

将该原则用于 m 个团体的席位分配问题：当分配新的席位时，首先计算在当前席位份额下各团体的 Q_i 值，并比较 Q_i 值的大小，将下一个席位分配给 Q_i 值最大的团体（当有多个团体的 Q_i 值相同时，可任取其中一个团体）。

将上面的方法总结如下：

（1）对每个单位各分配一个席位；

（2）计算各单位的 Q_i 值，并比较大小；

（3）将下一个席位分配给当前 Q_i 值最大的一方。

现在我们用该方法来解决前面所提出的 3 个系的学生会名额分配问题。

在分别给每个系分配一个代表名额之后，我们开始对第 4 个席位进行分配。此时 A 系、B 系、C 系的 Q_i 值分别为：

$$Q_1 = \frac{103^2}{1 \times 2} = 5304.5, \quad Q_2 = \frac{63^2}{1 \times 2} = 1984.5, \quad Q_3 = \frac{34^2}{1 \times 2} = 578$$

此时 A 系的 Q_i 值最大，因而第 4 个席位将分配给 A 系。重新计算当前情况下 A 系的 Q_i 值，得 $Q_1 = \frac{103^2}{2 \times 3} \approx 1768.17$，此时 B 系的 Q_i 值最大，因而应将第 5 个席位分配给 B 系。

重复上面的过程，可确定余下席位的分配情况。最终我们可以得到计算结果为 $(11, 6, 4)$。在这样的分配方案下，C 系保住了自己的席位。

公平度的计算和分析还可以应用于如物资分配、人力资源管理等多种场景。

换乘地铁

地铁是现代城市生活中的重要交通工具之一，搭乘地铁的人都会遇到这样的问题：从某一站出发到达另一站，至少要换乘几次？当然如果地铁网络不复杂，我们通过心算就可以得出结论；但如果遇到一个十分复杂的城市地铁网络，要迅速给出所有换乘问题的最优解答就不是容易的事。这样的问题就要交给计算机，并给它一个图论的算法，它就可以迅速地给出解答。算法有很多，这里简单介绍一种最短路径算法——迪杰斯特拉算法（Dijkstra's algorithm）。这个算法虽然有点"暴力"，但对计算速度很快的计算机来说，给出地铁换乘的最优方案的确不是件难事。

如下页图所示，从起点 0 出发，计算步骤为：

（1）列出所有 1 站路可以抵达的站；

（2）列出所有 2 站路可以抵达的站；

（3）列出所有 3 站路可以抵达的站；

…………

圈子越来越大，直到你的目的地被圈在列表中，其相应的站数就是到达目的地可乘坐的最少站数，那么，从 0, 1, 2, …, 直到上述最少站数对应的路线，就是要求的最佳换乘方案。

当然如果你关心的是最节省时间或者最省钱或者最不拥挤的换乘线路，那就要用到其他算法。这里面的门道还真不少，有兴趣的读者可以去阅读相关的资料。

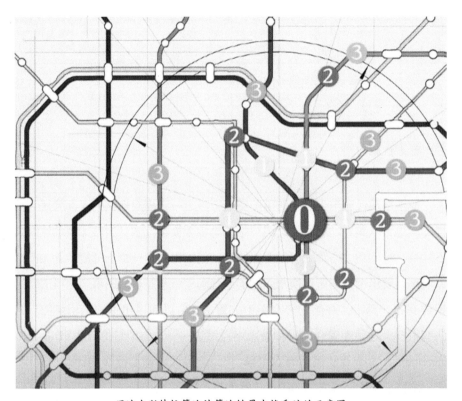

用迪杰斯特拉算法计算地铁最少换乘站的示意图

　　这个例子是图论用在日常生活中的最简单也是最典型的例子之一。第二章中提到的由七桥问题引出的图论在我们的日常生活中还有大量的其他应用，如竞赛的排名、服务设施的配置、网络信息的搜索、资源的调度、社交群的联系等。

浴缸竞赛

浴缸，应该不是年货，但 2016 年春节前，浴缸的网店销售量却因大量学生的购买而异常暴增。这些平常洗澡飞快的学生怎么突然对浴缸感兴趣了？原来，他们正在参加美国大学生数学建模竞赛（MCM/ICM）！该竞赛由美国数学及其应用联合会主办，是国际性的数学建模竞赛，也是世界范围内最具影响力的数学建模竞赛之一。

MCM/ICM 是 Mathematical Contest In Modeling 和 Interdisciplinary Contest In Modeling 的缩写，即"数学建模竞赛"和"交叉学科建模竞赛"。MCM 始于 1985 年，ICM 始于 2000 年。MCM/ICM 着重强调研究问题和解决方案的原创性、团队合作能力以及结果的合理性，近年来每年的举办时间都在我国的春节之前。2016 年，共有来自 12 个国家和地区的 12 446 支队伍参加。对于大一学生来说，刚刚成为大学生一个学期，就能参加国际比赛，的确是件令人兴奋的事。2016 年的比赛，赛程依旧是 4 天，赛题共有 6 道，那些学生购买浴缸是因为他们选择了 A 题，请看赛题（已译成中文）。

A 题　热水澡

一个人用水龙头将水注满一个浴缸，然后坐在浴缸中，放松地洗热水澡。不幸的是，浴缸不是一个带有二次加热系统和循环喷流的温泉式浴缸，而是一个简单的水容器。不一会儿，洗澡水就会明显地变凉，所以洗澡的人需要不停地将热水从水龙头注入以加热洗澡水。当浴缸里的水达到容量极限，多余的水会通过溢流口泄流。考虑空间和时间等因素，建立一个浴缸的水温模型，以确定最佳的策略，使浴缸里的人可以用这个模型来让浴缸里的洗澡水保持或尽可能接近初始温度，而不浪费太多的水。

使用你的模型来确定你的策略对浴缸的形状和体积，洗澡人的外形、体积、温度，以及洗澡人的动作等因素的依赖程度。如果这个人一开始就将一种沐浴剂加入浴缸，以协助清洗，这会怎样影响你的模型结果？除了要提交的一页 MCM 摘要之外，你的报告必须包括一页为浴缸用户准备的非技术性的说明书来阐释你的浴缸模型，同时解释为什么均衡地保持洗澡水的温度是如此之难。

一般人看完这题不禁哑然失笑，至于吗？洗澡为什么要搞得这么复杂？澡谁没洗过，手试一下水温不就完了？不错，洗澡这件事本身的确没必要搞得这么复杂。然而如果这个问题不知道怎么解决，那么对泳池、渔场的温度控制，乃至洋流的分析和评估基本上也是束手无策。作为一个三四天就要解决的问题，这个题目还是比较合适的。那么我们怎么解这道题呢？

如果你回答，我拿手试，这当然是一个解决方案，但这个方案不免太粗陋了，那下面的问题就是：什么时候试？试几次？怎么保证手不被烫伤？手有了什么感觉时应该对应采取什么措施？换一个人会不会有同样的结果？这种"跟着感觉走"的方法肯定不能得到一个最优的结果。那么应该怎么办？

知识就是力量。大学里学过"数学物理方程"的同学会底气十足地告诉你：我有办法！为了普及给更多的人，我们在这里只分析思路而避免提及数学公式。

其实这个问题就是一个热传导问题。提到热传导问题，就不能不提其鼻祖——法国数学家、物理学家傅里叶（1768—1830）。

傅里叶生于法国中部的一个裁缝家庭，9 岁时沦为孤儿，后就读于军校，曾在巴黎师范学校和巴黎综合理工大学执教，1798 年随拿破仑军队远征埃及，回国后任地方行政长官多年。1807 年他向法国科学院呈交了一篇关于热传导问题的论文，1811 年又呈交了修改后的论文，凭借该论文获得了科学院颁发的关于热传导问题的奖金。傅里叶在论文中推导出著名的热传导方程，并在求解该方程时发现解函数可以由三角函数构成的级数形式表示，从而提出任一函数都可以展成三角函数的无穷级数。傅里叶级数、傅里叶分析等理论均由此创始。傅里叶由于对热传导理论的贡献当选法国科学院院士。今天，巴黎综合理工大学骄傲地将其雕像立于校园之中。

傅里叶

1822 年，几经波折，傅里叶终于出版了专著《热的解析理论》。这部经典著作将前人在一些特殊情形下应用的三角级数方法发展完善，三角级数后来就以傅里叶的名字命名。傅里叶关于热传导问题的一系列工作及其深入研究的数学意义非凡，使人们对函数概念进行修正和推广，也催促了新的数学分支如集合论的诞生。《热的解析理论》深刻影响了 19 世纪数学分析严格化的进程。

现在翻开数理类教科书，傅里叶的名字比比皆是：傅里叶定律、傅里叶级数、傅里叶展开、傅里叶公式、傅里叶变换、傅里叶方程、傅里叶积分等。大学生们对他又爱又恨，进校不久就被傅里叶"打了一闷棍"，不少同学在高等数学期末考试试卷中看见傅里叶，直接跳过放弃，去和别的题较劲。理工科学生考完高等数学，以为和傅里叶告别了，没想到下学期又碰上他，而且傅里叶一直如影随形，学生们不停地被"虐"，甚至有同学一再因傅里叶挂科，不得不抚卷长叹"既生'傅'，何生我"。不过你要真懂了他，就会爱上他，因为他的理论很深刻，他的方法很管用。

好了，回到我们的竞赛题目。既然天才的"老傅"早就解决了热传导问题，我们还干什么？不错，傅里叶解决了一般的热传导问题，给我们提供了解题的基本模型，这也圈定了这道竞赛题的开放性不是很大。然而一般的模型和具体问题之间还有一段距离，这段距离需要由参赛者去跨越。参赛者要把讨论问题的区域、区域的边界条件、状态的初始条件、方程的系数、方程的对流项和自由项找出来，最后再把具体结果算出来。大家可能看了就头晕，把这些搞清楚不太容易，要不怎么叫竞赛呢？不慌，我们先从简单的情形开始。

1. 最简单的情形：浴缸里灌满了高温度的水，没有人洗澡，室温低于水温。问：水温的变化？

解：这个问题比较好回答，是"数学物理方程"的常见习题。浴缸里的水温满足热传导方程，我们所要确定的是区域和初边值条件。区域取决于浴缸的形状。至于形状，用不着麻烦浴缸网店的客服，可以假定其为比较规则的形状以便于计算，例如半球形。假设网店客服已经告诉我们，他们家的浴缸是亚克力材质的，导热系数约为 0.19，而空气的导热系数约为 0.024，都远远小于金属的导热系数。虽然浴缸壁和接触空气的水面的导热系数差不多，但因为空气有对流，可以很快地把热量带走，相对于此，浴缸壁基本可以假定为保暖绝热。这样我们就得到一个关于水温的热传导方程的初边值问题：一个半球形的区域，内部满足热传导方程，半球面上满足法向导数热流等于 0，半球水平面上满足适合空气交换表面热量的边界条件，初始值等于高温水的初始温度，是个常数。这个问题至少可以通过计算机用经典算法算出数值解，用不同的颜色表示不同的初始温度，计算机可以画出一张漂亮的水温随时间变化的图。

2. 加入一个热源，即热水不断注入浴缸。先不考虑对流，那么注入的热水就是一个热源。问：此时水温的变化？

解：因为超出浴缸容量的水会流走，所以区域不变。只需要搞清楚热源供热的速度，这个数据网店客服也可以给出。如果水龙头一直不关，这个速度就是一个常数，我们就在问题 1 的热传导方程里加一个自由项，一样可以算出结果来。当然如果你不想浪费水，要优化问题，可以控制水龙头，让热源供热的速度成为一个时间的函数。

3. 在问题 2 的基础上，考虑浴缸里的水有对流。

解：要用到一点流体力学的知识，在问题 2 的热传导方程中加入对流项，计算方法可做相应改变。

4. 在模型中加入洗澡人，那么人在浴缸里可能有哪些行为？

解：人在浴缸里可以泡澡、洗浴、跳舞、游泳等。我们一项一项来。

泡澡。我们默认洗澡人除头部以外都浸没在水中。假设人的体温恒定，为 36~37 摄氏度，不会因为水温的变化而改变，所以人体表面可以假定为绝热的。水面除了洗澡人头部所在区域，其他地方还是原来的边界条件。不过这时内部区域发生了变化，变成了原来的半球形区域再刨去人体。人体这么复杂，怎么办？简化——可以将人体简化成若干个柱体。计算时要用到处理不规则区域的技巧。

洗浴。洗浴过程中，人体一部分在水内，一部分在水外。人在洗浴过程中会不停地将水冲到身上，所以这时人体可以考虑成一个冷源。

跳舞。上述的冷源是时间的函数。

游泳。上述的冷源是空间的函数，当然，游泳的前提是浴缸足够大。

5. 模型推广。我们还可以把模型推广到两人合洗模式、多人泡温泉模式等。

6. 沐浴剂的加入。如果沐浴剂浮在水面，改变的则是水面的边界条件。

接下来要做的就是优化模型。首先，要确定优化目标，是要最省水还是最省时间，抑或是最舒服。其次，看你能控制的东西，如加入热水的方式和速度，浴霸的使用与否，或者洗澡的方式。最后，变动控制函数，在可行集里找出最优结果。例如在水温的容许变化范围内，控制加入热水的方式以达到最优控制。优化模型时可能还要用到变分法，难度更大。

最后还要进行模型检验。直接跳入浴缸，详细记录各种情形（各种舞姿、各种泳姿）下浴缸各个部位的水温，再把所得数据和理论结果相比较。数据要准确，最好要录像，当然为避免不雅之嫌，记得穿上泳衣。

竞赛还要求参赛者自己就是"网店客服"，给购买浴缸的用户写一个说明书，当然要先把浴缸的优异性能"吹一吹"，加上夺人眼球的广告词，然后介绍一个最佳的洗澡方案。最后暗示，人还是要有一定的容忍范围，只要室温和水温有差距，想要水温恒常，那就是白日做梦。

这个例子，让我们看到如何针对实际情况来提高解决问题的能力，也让我们看到了数学理论的重要性。同样的思维方式和处理问题的方法还可以推广到其他应用问题中。

合作获利

生活中人们经常因利益分配不均而产生矛盾，如在科研活动中因成果转化利益分配不均而导致合作破裂的事件时有发生。一般来说，一个巴掌拍不响，这类事件发生，当事双方肯定或多或少都有责任。但在"公说公有理，婆说婆有理"的"一地鸡毛"中，仔细分析起来，矛盾出在讨论的基本空间不统一，每个人都在用着对自己有利的空间测度，如此下去，是无法解决矛盾的。这里我们不去讨论具体事件中的谁是谁非，而是从数学的角度谈谈合作与竞争。

我们要用科学方法讨论问题，首先要确定讨论的基本空间。在确定的基本测度空间里，测度，即度量方式是确定的，在此基础上，我们才可以进行比较、演绎和推导，才可以下结论（该结论也只在这个空间内有效）。当然有些公理可能对一般空间都适用，这就是我们所说的真理问题、大是大非问题。对于有些问题，已有的测度可能不足以度量，可以考虑用模糊数学等方法。

现在比较纠结的是合作双方同时处于两个空间的情况，所以要讨论清楚任何事件，首先要拎清楚，你在哪个空间里讨论。

第一种空间是自上而下的空间。这种空间的结构是类似君臣、父子的关系，由道德规范人的行为。这种结构在一定程度上稳定性相当高，但会抑制个人发展从而影响社会进步。例如在武侠小说里，有师道尊严，在一个门派里，老师有绝对的权威，弟子只能尊重老师，不能质疑也不能反抗更不能置老师于不义，如有弟子大逆不道，不用等老师出面，师兄师姐就会出手清理门户，将其永远逐出师门，让其一辈子背负"欺师灭祖"的骂名。

第二种空间是自下而上的空间。这种空间的结构是以个体为基础的结构，由法律规范人的行为。在这种结构中，理论上人是平等的，个人的权利得到充分的尊重和保障。但大家都知道，个人权利的伸张可能会影响到其他人的权利，而其他人的权利也在尊重和保障的范畴里，这样必然会不断引起矛盾，社会要为此付出一定的代价。矛盾产生时，人与人之间的交往方式就转变成一种"博弈"。

"博弈"有两种目的，一种是"你死我活"，另一种是"共存"。我们这里讨论的是第二种目的，解决方案是法律。法律固然能解决一部分问题，但是，如果社会是一条实数轴，那法律只是这条实数轴上的有限个点。即使在法治社会里，有法可依的点最多接近有理数，法律可以逼近却不能取代所有事情，其间仍存在一定的空白。

当然，为了规避矛盾，补救措施就是契约，也就是事先划定权利范围，并立下字据。例如进入一家公司工作，雇员第一件事就是和公司签合同，申明在公司工作期间的所有知识产权（甚至可能会包括做梦时想到的主意）都归公司所有；作为回报，雇主给雇员发工资和小范围浮动的奖金（当然公司也会承担风险，因为雇员未来的工作表现未知）；合同生效期间，雇主公司拿着雇员的发明、理论、设计、程序、图表等赚了多少钱或者赔了多少钱都在一定程度上与雇员无关了——因为有契约。

第二种空间的结构自然比第一种复杂得多，会不会造成社会动荡？事实证明，第一种结构一般比较稳定，但如果上层欺压下层太厉害，超过一个阈值，就可能发生天翻地覆的革命，引起巨大的社会动荡。而第二种结构尽管小波动不断，但大动荡比较少见。

第二章中提到的纳什，他用严密的数学语言和简明的文字准确地定义了纳什均衡[①]（也称非合作博弈均衡）这个概念，并将其包含在"混合策略"的应用下，用数学的不动点定理证明了纳什均衡在有限博弈中的普遍存在性，并以此获得了诺贝尔经济学奖。纳什均衡理论的社会贡献在于，在非合作的有限博弈中，从个体利益最大化出发，可以达到纳什均衡。这在一定程度上解释了从个体利益出发达到均衡后社会的相对稳定性。这不是说个人利益可以无限扩张，而是说最优的状态是要考虑别人利益的，即考虑别人利益是有利于自己的个人利益的，有时让出一定的个人利益对自己更有好处。这也就解释了为什么在尊重个人利益时，大众的公德心可能变得更强。有意思的是，这种观点和中国传统文化的中庸之道不谋而合。只是这种观点更为理性（还有数学证明）。

回过头来看，我们现在正处在两种空间都存在的状态下。西方那些看似成熟的法条（各国各样）不一定适合中国国情，不能拿来就用。大多数情况下，人们是在两种空间之间跳来跳去的。至于我们这个现实空间的测度，每个人都有自己的标准。

很多争端因合作而起，是不是不符合纳什的非合作博弈均衡理论？不错，虽然有些事件的起因是合作项目，而事件的爆发却是因为后来的不合作。如果充分沟通，很多事件就不会发生。如何使合作健康发展呢？其中，如何分配合作利益是一个重要的问题，换句话说就是如何划分贡献度，例如在科研活动中，可能会衍生出发表论文的署名权和署名顺序等问题。

在社会经济活动中，两个或多个实体，例如个人、公司、国家等，相互合作结成联盟或者利益集团，通常能得到比他们单独活动时更大的利益，产生"1+1 > 2"的效果。然而，这种合作能够达成或者持续下去的前提是，合作各方能够在合作的联盟中得到其应得的那份利益。那么，如何才能合理

[①] 假设有 n 个人参与博弈，在给定其他参与人策略的条件下，每个人选择自己的最优策略，所有参与人选择的策略一起构成一个策略组合。这时没有任何单个参与人有积极性选择其他策略，从而没有任何人有积极性打破这种均衡。这就是纳什均衡。

地将获得的利益分配给合作各方呢？贡献度的分配其实很难，就是当事人自己也难以厘清。

今天的科学活动，单打独斗是很难出成果的，个人再厉害也很难对抗"军团"作战。所以明智的选择是加入"军团"，参加集体战斗，在战斗胜利后，分一杯成果的羹，并且通过实战锻炼自己，从战斗"菜鸟"成长为战斗指挥或战斗英雄。如果"窝里斗"的现象比较多，"军团"的整体实力自然就会减弱。那么问题来了，战斗胜利后，如何分羹？从个人的角度，特别是"菜鸟"往往觉得自己冲锋陷阵，英勇顽强，比那要要嘴皮子、摇摇羽毛扇的战斗指挥贡献要大；那战斗指挥不过是多打过几次仗而已，在此次战役中，没他跑得前，没他杀敌多，当然没有他的贡献大。"菜鸟"们也有不同等级，各打各的"小九九"，长官当然也有他们自己的想法。如果就为如何分羹争吵不休，那么之后的仗就别打了。没有凝聚力，这个"军团"必将四分五裂，导致没有战斗力，以后肯定一路败北，谁也没有羹喝。所以如何合理地分羹是很重要的。

对于分羹，在前面说到的两种空间结构下，处理方法是不一样的。第一种空间在长幼有序的结构下，由最高指挥说了算，"一切缴获要归公"，给你多少没商量。不服气是不是？等你"媳妇熬成婆"，也做到长官，你就有了"掌勺权"，到时你爱给自己分多少就分多少，但现在请闭嘴。乖巧的"菜鸟"不仅闭嘴，还会讨好长官，以求多分一点羹。当然长官们也知道，士气要鼓舞，一碗水要端平，羹还是要尽量分匀，不能都分给自己，还是要给那些杀敌多的人多分点。可这里难免带有个人好恶的色彩，会有不少偏差。这种方式的好处是效率非常高，坏处当然就是不一定公平。第二种空间讲究人人公平。可分羹总有一个先后次序，如果大家一窝蜂上去抢，恐怕更不公平，矛盾更大，怎么办？那就按人数等分，再按姓氏的拼音首字母排序，一个一个来，每人一勺。姓氏拼音首字母靠后的人不要抱怨分到手的羹已经凉了。

有些人喜欢较真，说绝对的公平就是不公平，为什么不拿数学算一算？参加这次战斗的人，每个人到底应该分多少羹？换句话说就是如何计算参加战斗的人对这场胜利的贡献度。这里面有两个层次，一个层次是排序，另一个层次是量化贡献度。显然，第二个层次比第一个层次更难，但如果第二个层次搞清楚了，第一个层次自然不在话下。但大多数情况下，第二个层次无法完全弄清，那么退而求其次，弄清楚第一个层次也不错。对于第一个层次，有一个比较流行的方法叫层次分析法，在"比较陷阱"一节里讨论过了。这里我们主要谈谈如何把握第二个层次。

说到这里，就要提到另一位获得了诺贝尔经济学奖的智者，他叫沙普利（1923—2016）。他在 1953 年从最容易计算的经济活动出发，考虑一类被称为 n 人合作对策的问题，他通过几个公理，建立了一个严格的数学方法，被称为 Shapley 值法（又称沙普利值法）。这个方法可以准确地计算出每个参与者对他们参与的项目的贡献度。沙普利的思想是，要考虑某个人或某个组对项目的贡献度，就把这个人或组从项目中拿掉，看看项目将受到怎样的损害。当然损害越大，被拿掉的人或组的贡献度就越大。不仅如此，如果项目的成果在各种情况下都有数据，用沙普利值法就可以严格地计算出每个人或组对该项目的贡献度，而且这个解是唯一的！也就是说，在一定条件下，可以严格地计算出每个人或组的贡献度。

例 甲、乙、丙三人合作经商。倘若甲、乙合作可获利 7 万元，甲、丙合作可获利 5 万元，乙、丙合作可获利 4 万元，三人合作则获利 10 万元。如果每人单干各获利 1 万元。问三人合作时如何分配获利？

很显然，三人合作时，三人获利总和应为 10 万元。设甲、乙、丙三人分配到的获利分别为 x_1, x_2, x_3，则有

$$\begin{cases} x_1 \geq 1, \ x_2 \geq 1, \ x_3 \geq 1 \\ x_1 + x_2 \geq 7, \ x_1 + x_3 \geq 5, \ x_2 + x_3 \geq 4 \\ x_1 + x_2 + x_3 = 10 \end{cases}$$

三人中如果谁获利小于 1 万元，则他就会单干，不会加入这个联盟。如果 $x_1 + x_2 \geqslant 7$ 不成立，甲和乙就会组成一个小的联盟，而把丙抛在一边。

但是，这个系统有无穷多组解，例如，$(x_1, x_2, x_3) = (4, 3, 3)$, $(6, 2, 2)$, $(3, 5, 2)$。很显然，站在乙或丙的角度，与甲合作都可以获得更多利益，换言之，甲在合作中贡献最大，乙次之，丙最小。因此，像 (5, 3, 2), (14/3, 11/3, 5/3) 都是合理的解。哪一个更合理？应该有一种圆满的利益分配方法。

这类问题就是 n 人合作对策问题。下面介绍用来解决这类问题的沙普利值法。

沙普利

先给出合作对策的一般模型。记 $I = \{1, 2, \cdots, n\}$ 为 n 个合作人的集合。若 I 的任何子集 $s \subseteq I$ 都有一个实数 $v(s)$ 与之对应，且满足下列条件，则称 $v(s)$ 为定义在 I 上的一个特征函数：

（1）$v(\phi) = 0$，其中 ϕ 为空集；

（2）对于任意两个不相交子集 $s_1, s_2 \subseteq I$，都有 $v(s_1 \cup s_2) \geqslant v(s_1) + v(s_2)$。

在实际问题中，$v(s)$ 可以表示各种合作的获利，而条件（2）表明任何情况下合作获利都不小于单干或小团队合作获利。合作对策就是需要确定每个人

获得的利益 $\varphi_i(v)$，对全体成员来讲就是向量 $\boldsymbol{\varphi}(v) = (\varphi_1(v), \varphi_2(v), \cdots, \varphi_n(v))$。按照前面甲、乙、丙合作经商例子的分析，我们知道合理的分配需要满足

$$\sum_{i \in s} \varphi_i(v) \geqslant v(s)$$

且当 $s = I$ 时该式等号成立。

上述的提法实质上没有什么限制，我们总可以找到多个解。所以，必须有一些关于合理性的限制，在这些限制下，寻找合理的对策才是有意义的。

沙普利给出了一组合作对策应满足的公理，并证明了在这些公理下合作对策是唯一的。

公理 1（对称性） 设 π 是 $I = \{1, 2, \cdots, n\}$ 的一个排列，对于 I 的任意子集 $s = \{i_1, i_2, \cdots, i_m\}(m \leqslant n)$，有 $\pi s = \{\pi_{i1}, \pi_{i2}, \cdots, \pi_{im}\}$。若定义特征函数 $w(s) = v(\pi s)$，则对于每个 $i \in I$，都有 $\varphi_i(w) = \varphi_{\pi i}(v)$。

这表示合作获利的分配不随每个人在合作中的次序变化而改变。

公理 2（有效性） 合作各方获利总和等于合作总获利：

$$\sum_{i \in I} \varphi_i(v) = v(I)$$

公理 3（冗员性） 若对于包含成员 i 的所有子集 s 都有 $v(s \backslash \{i\}) = v(s)$，则 $\varphi_i(v) = 0$，其中 $s \backslash \{i\}$ 为集合 s 去掉元素 i 后的集合。

这说明如果一个成员对于任何他参与的合作都没有贡献，则他不应该从合作中获利。

公理 4（可加性） 若在 I 上有两个特征函数 v_1, v_2，则有

$$\varphi(v_1 + v_2) = \varphi(v_1) + \varphi(v_2)$$

这表明有多种合作时，每种合作的利益分配方式与其他合作无关。

沙普利证明了满足这四条公理的 $\varphi(v)$ 是唯一的，并得出其表达式（沙普利值公式）为

$$\varphi_i(v) = \sum_{i \in S_i} \omega(|s|)(v(s) - v(s\setminus\{i\}))$$

其中，S_i 是 I 中包含成员 i 的所有子集形成的集合，$|s|$ 是集合 s 中元素的个数，$\omega(|s|)$ 是加权因子且满足

$$\omega(|s|) = \frac{(|s|-1)!(n-|s|)!}{n!}$$

沙普利值公式可以解释为：$v(s) - v(s\setminus\{i\})$ 是成员 i 在他参与的合作 s 中做出的贡献，这类合作总计有 $(|s|-1)!(n-|s|)!$ 种出现的方式，因此每一种方式出现的概率就是 $\omega(|s|)$。

现在我们来解决甲、乙、丙三人合作经商的问题。把甲、乙、丙三人分别记作 1,2,3，由下表可求得甲应得的获利为 $\varphi_1(v) = \frac{1}{3} + 1 + \frac{2}{3} + 2 = 4$（万元）；同理，可求得乙和丙的获利分别为 $\varphi_2(v) = 3.5$（万元）和 $\varphi_3(v) = 2.5$（万元）。

用沙普利值法计算甲的获利情况

参数	合作方式			
	{1}	{1, 2}	{1, 3}	{1, 2, 3}
$v(s)$	1	7	5	10
$v(s\setminus\{1\})$	0	1	1	4
$v(s)-v(s\setminus\{1\})$	1	6	4	6
$|s|$	1	2	2	3
$\omega(|s|)$	1/3	1/6	1/6	1/3
$\omega(|s|)(v(s)-v(s\setminus\{1\}))$	1/3	1	2/3	2

有这个好东西为什么不拿来解决一般情况下的利益分配问题呢？因为应用沙普利值法的条件太苛刻了，它要求一套完整的数据，就像上面的例题，不仅要三人合作的获利，还要两两合作的获利，也不能少了单干的获利。在大多数情况下，这些数据很难获得，严格的计算从而难以实现。目前还没有看到更好的方法，但这不妨碍我们用他的思想获得一些特殊的排序结果，并

做一些定性分析。

- 一个团队里如果有类似南郭先生那样滥竽充数、只占位不出力的人，则他的贡献度是 0，因为去掉南郭先生一点也不影响乐队的整体演奏效果。

- 项目指挥很重要，他确定战役如何攻坚。指挥不一定身先士卒冲锋陷阵，但他会分析大势、了解战况、熟悉属下的能耐，可以合理排兵布阵。所以敌方要取胜，常选择斩首行动，一旦指挥被击杀，失去指挥的一方很可能迅速瓦解落败。所以一般情况下，项目指挥的名字会排在最前面，当然这里指的是真正的指挥者而不是单纯因为职务而挂名的人。

- 主意至关重要，因为去掉基础主意，整体项目将不复存在，所以提出项目主意的人应该排在具体操作者前面。

- 具体操作者的工作可被取代与不可取代有本质的区别。也就是说，没有某人，项目只是受影响但仍然可以由其他人完成，与没有这个人项目的某一部分或整个项目根本就完成不了是有本质差别的。前者最多延缓进程，而后者有可能导致项目中止。所以如果有甲、乙两个人操作，甲的工作可由别人取代，而乙的工作别人不可取代或很难取代，那么乙应该排在甲前面。

- 工作量应该计算有效工作量。甲、乙两个人，甲虽然干的工作不多，但对结果的实质贡献较多；乙辛辛苦苦，没日没夜，但做的都是无用功，虽然有点贡献但效果不如甲，那乙就不要哭诉"没有功劳也有苦劳"，乙就是应该排在甲之后。当然如果乙干的是尝试性的工作，确定他走过的路虽然没有走通，但肯定是走不通的路，避免了项目组的其他人走弯路，也应该认可乙的工作是对结果有实质性贡献的。

············

用沙普利值法的思想还可以解决一些原来困惑我们的问题，如战斗中一个人掩护另一个人杀了几个敌人，两个人的功劳就应该是差不多的，因为缺了谁这件事都做不成。当然也有一些问题解决不了。例如，两个人一起

南郭先生滥竽充数

讨论问题，一个人有心或无心的一句话启发了另一个人，产生了至关重要的思想。那么这个思想算谁的？一般来说，这个思想属于提出的人，但这样启发他的人的功劳就被忽视了，除非，他会感谢那个启发他的人。还有纠错的人、提供资料和数据的人、拿出关键材料的人等，实际情况要复杂得多。所以尽管沙普利值法十分精确，仍然有一大块模糊地带。消除这个模糊地带的方法则"八仙过海，各显神通"了，如牵头人拍板、按姓氏笔画、抓阄儿等。

最后我们用这个方法来分析一篇大学生毕业论文中的贡献度问题。

• 导师的角色至关重要，一般情况下导师是项目负责人也是提出论文思想的人，所以在这种情况下，尽管大学生毕业论文署的是学生的名字，但论贡献度的排名，还是要导师在前、学生在后。

• 学生在毕业论文中做了一定的工作，应该被承认，导师是不能独享论文中的成果的。

• 关于论文中的图。图分为几种，科学界用以判断剽窃的图一般是指不可重制的图，如照片，即便是同一个摄影者也不大可能拍出两张一模一样的照片来，所以如果一张一模一样的照片出现在两个作者名下，基本可以判定至少有一个作者是剽窃的。在实验类的科学论文中，这种情况很多。还有一类是较难重制的，如计算机效果图。这类图的背后往往是程序，不同程序跑出来的图会有差别，但不排除跑出同一个图的可能。碰到这种情况，大家把程序拿出来晒晒，用源代码再跑一跑就清楚了，两个人编的程序不大可能一模一样，除非程序很短。如果是一般的示意图，稍有计算机技能的人都可以重制。你不能说因为你画了一个圆，以后别人画圆都是剽窃你的。事实上，很多论文的示意图可能是助理画的，并且如果它们不符合刊登要求，期刊的美工会在文章出版前重制，当然那些助理、美工的名字不会出现在文章中。对于理论类的文章，看有没有剽窃，主要是看思想，这也是论文的灵魂，而不是看文字，也不是看示意图。所以从这个角度上来讲，示意图是项目结果的一部分，但因为具有可取代性，所以分量不是很重。

• 将一篇手稿整理为能发表的文章也是有贡献度的。不少人都有过一篇论文只用了几个月写成却打磨了好几年才发表的经历。事实上，发论文所花的精力常常是写论文的好几倍。

• 署名不能乱来。如果是国际期刊，我们就用国际通用的规范。例如两篇内容一样的文章，一篇非正式，一篇正式，但署名不一样，人们可以用沙普利值法推定，没有同时出现在两篇文章中的作者的贡献度为0。乱署名现象的确存在，有的项目主持人认为他们有管理署名的绝对权利，但用国际通行的方式来看，这无论对自己还是对被署名者都是不好的。

资源优化

在实际生活中，我们需要对有限的资源进行优化分配，这类问题非常多，一般可以用数学中的线性规划加以解决。

线性规划是数学中应用广泛的一个重要分支，也是数学模型的一项重要内容。它在生产安排、物资运输、投资决策、交通运输等现代工农业和经济管理等方面都有着广泛的应用。我们知道，在经济活动中提高经济效益一般可通过两个途径：一是加强技术方面的改造以降低生产过程中对资源的消耗从而降低制造成本；二是优化企业的管理，即合理安排人力及物力，以降低企业的管理成本。

20 世纪 30 年代末，线性规划由苏联数学家、经济学家康托罗维奇（1912—1986）等人开始研究，1947 年美国数学家丹齐格（1914—2005）提出了解决线性规划问题的普遍算法——单纯形法；1947 年美国数学家冯·诺伊曼提出了对偶理论并开创了线性规划的许多新领域。其他数学规划问题还包括整数规划、随机规划和非线性规划等。

先来看个简单例子：有家公司要建一栋房子，那么如何调动资源，使得收益最大呢？建房有两部分消耗，人力消耗和物力消耗。那么如何在人力、物力有限的情况下，

康托罗维奇

达到利益最大化呢?

　　假设建房过程中对每日的工作量有一定限制——每天人力不得超过 1 个单位(设每个单位为 1000 元),物力不得超过 0.8 个单位。假定每天投入的人力和物力分别为 x 和 y 个单位,每单位人力可完成 3 个单位的工作量,每单位物力可完成 4 个单位的工作量,目标函数是每天完成的工作量 G。根据分析,问题的目标函数为

$$\max G = 3x + 4y$$

限制条件为 $x \leqslant 1$, $y \leqslant 0.8$,非负限制为 $x, y \geqslant 0$。这个问题比较简单,我们可以用图形法来解决。

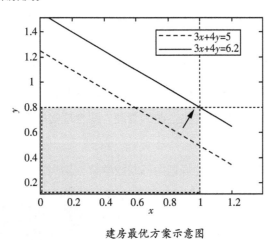

建房最优方案示意图

　　如上图所示,G 取值最大的点就是直线 $G = 3x + 4y$ 移到容许区域的右顶点,此时 $G = 6.2$,这就是在容许范围内每天能完成的最大工作量。

　　再来看一个较复杂的例子[①],该例也是通过线性规划的方法求解,但图像求解不够用了,要用到计算机。

　　某医院向社会提供不同的医疗服务,为了最大化社会效益和经济效益,以

―――――――――

① 该例摘自同济大学数学建模竞赛题。

医院提供的手术为例，讨论如何帮助医院建立一个改善资源配置的模型。假定手术分为三类，简称为大手术（如心脏搭桥手术）、中手术（如胃切除手术）和小手术（如阑尾切除手术），每种手术所需的医护人员数、手术时间和平均费用如下表所示。

三类手术所需医护人员数、手术时间及平均费用

手术类型	主刀医师数	麻醉师数	配合医师数	器械护士数	巡回护士数	手术时间	平均费用
大	3	1	1	2	2	1 天	3 万元
中	2	1	1	1	2	0.5 天	1.6 万元
小	1	1	0	1	1	0.2 天	0.3 万元

该医院的医护人员基本情况为：高级医师 21 人、普通医师 44 人（只有高级医师才能担任大、中手术的主刀医师）、护士 100 人（其中只有 60 人可以担任器械护士）、麻醉师 30 人。如果等待进行各类手术的病人足够多，问：

（1）如何安排每天的手术使得该医院的经济效益最高？

（2）假设大手术相对并不常见，而小手术则比较多，且做小手术的病人在手术完成前需要一直占据医院的病床。如果该医院的床位有限，小手术要在一周内完成，否则病人会要求转院，如何制定该医院每天的手术计划？

（3）充分考虑社会效益和经济效益，如何在每天的计划上做尽可能小的调整以满足病人的需要？

假设一个手术台一天只做一种类型的手术。设 x_1 表示每天进行大手术的手术台数量，x_2 表示每天进行中手术的手术台数量（为使问题简化，每天排满，因为一个手术台一天可以做 2 个中手术，所以每天实际进行中手术的病人数为 $2x_2$），x_3 表示每天进行小手术的手术台数量，也每天排满，则问题的目标函数为

$$\max z = 3x_1 + 3.2x_2 + 1.5x_3$$

根据开刀过程中对资源的要求，假设小手术中由高级医师主刀的有 x_{31} 个，由普通医师主刀的有 x_{32} 个，则参与手术的高级医师有 $3x_1 + 2x_2 + x_{31} \leqslant 21$，

普通医师有 $x_1 + x_2 + x_{32} \leqslant 44$，麻醉师有 $x_1 + x_2 + x_{31} + x_{32} \leqslant 30$，器械护士有 $2x_1 + x_2 + x_{31} + x_{32} \leqslant 60$，护士总需求为 $4x_1 + 3x_2 + 2(x_{31} + x_{32}) \leqslant 100$。

由此得到问题的目标函数为

$$\max z = 3x_1 + 3.2x_2 + 1.5(x_{31} + x_{32})$$

满足

$$\begin{cases} 3x_1 + 2x_2 + x_{31} \leqslant 21 \\ x_1 + x_2 + x_{32} \leqslant 44 \\ x_1 + x_2 + x_{31} + x_{32} \leqslant 30 \\ 2x_1 + x_2 + x_{31} + x_{32} \leqslant 60 \\ 4x_1 + 3x_2 + 2(x_{31} + x_{32}) \leqslant 100 \end{cases}$$

其中 $x_i \geqslant 0$（$i = 1, 2$），$x_{31}, x_{32} \geqslant 0$ 且均为整数。

求解这个线性规划问题，可以利用 LINGO 软件，容易得到问题的最优解为 $x_1 = 0$（台），$x_2 = 10$（台），$x_{31} = 0$（台），$x_{32} = 20$（台），$\max z = 62$（万元）。

结果分析：在这样的安排下，没有大手术，高级医师进行的都是中手术，共计 20 个；小手术安排了 100 个，均由普通医师主刀，此时医护人员的参与情况是高级医师 20 个，普通医师 30 个，麻醉师 30 个，器械护士 30 个，巡回护士 40 个。在这个方案中，没有安排大手术，这不合常理，由于大手术相对不常见，故可以考虑在每个周末安排一个大手术，此时周末相应的手术安排是 $x_1 = 1$（台），$x_2 = 9$（台），$x_{31} = 0$（台），$x_{32} = 20$（台），而相应的函数值为 $z = 61.8$（万元）。

投资理财

在一场金融会议上，一位参会者听说另一位参会者是学数学的，大感兴趣，问道："你能不能算出一个公式卖给我，保证我炒股稳赚？"那人淡然一笑："如果有这样的公式，我一定留着自己用，怎么会卖给你？"的确，随着人们生活水平的提高，投资理财的问题也越来越多。能稳赚不赔是所有投资者最朴素的愿望。可是一进投资市场，投资者们就被警告："市场有风险，投资需谨慎！"这一条可以让胆小的人却步，却拦不住想发财的大军。投资市场里有赚得盆满钵满的，也有赔得倾家荡产的。看起来投资市场怎么像个赌场？是的，从随机性的角度来讲，投资市场的确有赌场损益不确定的特点，但本质是不同的：赌场全凭运气，酿成了很多悲剧，对社会的影响绝大部分是负面的；而金融市场最本质的目的是融资，可以促进经济增长，对社会的影响大部分是正面的。

投资理财是个很复杂的问题，没有什么秘诀。不过有一点是绝对的，那就是收益和风险是挂钩的。在这里，我只想谈谈数学在投资理财中的作用。

有句话叫："数学不是万能的，但没有数学是万万不能的！"数学作为一门确定性的学科，也有概率、统计和随机过程这些处理不确定性的理论，那么数学能在变化多端的市场中做些什么呢？如上面提到的，它不能保证你赚钱，但它能做的事还真的不能被取代。

股票市场实时行情

定价 金融市场上有一类产品叫衍生品，顾名思义是指依附于其他物品的东西。金融衍生品就是依附于其他金融资产的金融工具，它们所依附的物品被称为原生资产或标的资产，如债券、股票等。传统的金融衍生品有远期合约、期货和期权等。以期权为例，由于衍生品通过合同的形式授予持有者一定的权利，其价值依赖于其他金融资产的未来价值，换句话说，进入合同需要支付一定的权利金来获得合同认可的权利。这个权利金是一个公平价，所谓公平是指合同双方未来的赢面是相同的。这里我们只以欧式期权的定价公式作为例子，这就是诺贝尔经济学奖获得者斯科尔斯参与提出的布莱克－斯科尔斯（Black–Scholes）公式：

$$V(S,\ t) = \begin{cases} SN(d_1) - Ke^{-r(T-t)}N(d_2)\ , & \text{看涨} \\ Ke^{-r(T-t)}N(-d_2) - SN(-d_1)\ , & \text{看跌} \end{cases}$$

其中 $N(x)$ 为标准正态分布累积函数，以及

$$N(x) = \frac{1}{\sqrt{2\pi}} \int_{-\infty}^{x} e^{-\frac{w^2}{2}} dw$$

$$d_1 = \frac{\ln(S/K) + (r + \sigma^2/2)(T-t)}{\sigma\sqrt{T-t}}, \quad d_2 = d_1 - \sigma\sqrt{T-t}$$

而对于包括其他衍生品的金融产品的定价，金融数学中有许多研究，数学的很多理论如随机过程、偏微分方程、动力系统、概率统计、数值计算等都在该领域做出了诸多贡献。

优化 钱的用途包括消费、储蓄、购买保险、外借、投资等。如何平衡各种需求以获得利益的最大化而风险最小？寻求最优正是数学最拿手的。这里举一个简单的理论——马科维茨（Markowitz）模型。

对于除了无风险资产之外的任一资产而言，未来的收益都存在不确定性，因此风险是存在的。为了度量风险，在一定假设下，该模型将资产的收益率看作一个随机变量，根据收益率的历史数据算出收益率的均值和方差，并且用样本收益率的数学期望来度量这种资产的收益率，用样本收益率的方差来度量资产的风险，即对若干资产 R_i 有 N 个观察值的收益率和风险分别为：

$$\mu_i = E(R_i) = \frac{1}{N} \sum_{j=1}^{N} r_{ij}$$

$$\sigma_i^2 = V(R_i) = \frac{1}{N} \sum_{j=1}^{N} (r_{ij} - \mu_i)^2$$

其中 μ_i 表示第 i 种资产的收益率（数学期望），σ_i^2 表示第 i 种资产的风险（方差），r_{ij} 表示第 i 种资产的第 j 个收益率数据。

对于一个由 K 种资产组成的投资组合 $\sum_{i=1}^{K} w_i R_i$，资产组合的收益率和风险分别为：

$$\mu_p = E(R_p) = E(\sum_{i=1}^{K} w_i R_i) = \sum_{i=1}^{K} w_i E(R_i) = \sum_{i=1}^{K} w_i \mu_i$$

$$\sigma_p^2 = V(\sum_{i=1}^{K} w_i R_i) = \sum_{i=1}^{K} \sum_{j=1}^{K} w_i w_j \, \mathrm{cov}(R_i, R_j)$$

其中 w_i 表示第 i 种资产在投资组合中所占比例（$0 \leqslant w_i \leqslant 1$），$\mathrm{cov}(R_i, R_j)$ 表示第 i 种资产的收益率与第 j 种资产的收益率之间的协方差（$i, j = 1, 2, \cdots, K$）。

马科维茨模型假定每个投资者都是风险规避者，即希望在收益一定的条件下风险最小，或者在风险一定的条件下收益最大。考虑在收益一定的情况下风险最小，可以得到如下模型：

$$\min \sigma_p^2 = \sum_{i=1}^{K} \sum_{j=1}^{K} w_i w_j \, \mathrm{cov}(R_i, R_j)$$

$$\text{s.t.} \begin{cases} \sum_{i=1}^{K} w_i \mu_i = \mu_p \\ \sum_{i=1}^{K} w_i = 1 \\ w_i \geqslant 0, \quad i = 1, 2, \cdots, K \end{cases}$$

上述模型是一个二次规划问题，其中 μ_p 是给定的资产组合的期望收益率水平。运用 LINGO 软件，可以得到最优资产组合中第 i 种资产所占的比例 w_i（$i = 1, 2, \cdots, K$）以及最小投资组合风险值 σ_p^2。因此，每给定一个期望收益率 μ_p，就会得到一个投资组合风险值 σ_p^2。为了使投资者的收益最大化，所求的最优解应该是使单位风险收益最大的投资比例，即每承担一单位的风险，投资组合的收益率最大。于是，单位风险收益率为 $v_p = \dfrac{\mu_p}{\sigma_p}$，其中 σ_p 是相应的投资组合收益率的标准差。每给定一个资产组合的期望收益率水平 μ_p，就可以得到一个资产组合收益率的标准差 σ_p，将所有的 (σ_p, μ_p) 画在同一个平面中即可得到资产组合的有效边界。同理可解出固定投资风险下的最大投资收益。

设计 金融市场中，有像股票、债券那样的原生资产，也有前面说过的衍生产品，可以将它们组合起来以满足不同的投资需求。不过，组合不同的金融产品绝不像搭积木那么简单，不仅需要了解这些产品的性质，还要精确地计算出组合后的表现。

风控 金融市场就是一个风险市场。风险包括市场风险、信用风险等。

对于一个企业来说，绝不是一句"市场有风险"就可以把所有责任推得一干二净的。企业必须对各种风险进行评估，对各种突发事件做出相应的决策。在风险评估中，需要对各种事件，如意外、违约、信用等级变换等，进行概率计算，而应对方法包括应用衍生品对冲、保险、抵押、准备金储备等。这些方法都是有金融代价的，所以评估风险必须靠谱，一般通过历史数据分析、数学模型、统计方法和金融计算等进行，而且如何协调应对风险、消费和投资以达到最优更是数学的任务。

计算 在今天的计算机时代，计算机在任何领域都起着越来越大的作用，在金融领域更是如此。大量的计算任务来自金融领域，甚至在一些超算中心，金融领域的计算任务占据了很大的算力，这些计算包括大规模数据分析、高维金融模型计算、依赖路径的衍生品定价、复杂模型计算等。

力控传染

在人类历史上，流行性传染病一直是全球面临的巨大挑战之一。白衣战士在冲锋陷阵，而数学号称是大自然的语言，也能亮亮剑吗？

在实际中，对数据的统计处理、计算绘图都离不开数学模型。回顾历史上的几次传染病大流行，还真能见到数学的身影，而且其战绩也相当辉煌，被记录下来，甚至被写进了教科书。事实上，对传染病传播的研究有着较长的历史，人们采用各种数学模型对疾病传播进行分析和预测，系统化地用数学工具对传染病的流行规律和发展趋势进行建模并定量研究，取得了很多成果。

作为大名鼎鼎的瑞士伯努利家族中的杰出代表，丹尼尔·伯努利（1700—1782）虽然不是第一位流行病学家，但不会有人质疑他对这门学科的巨大贡献。他在代数、微积分、级数理论、微分方程、概率论等理论数学方面做出了突出贡献，并将这些数学理论应用到流体力学、振动和摆动等物理问题上，而他早期的医学博士背景，使他一直关注数学在医学问题上的应用。18 世纪 60 年代，他尝试用统计数据分析天花的传播率和死亡率，并以此评估了健康人接种天花疫苗的效果。

丹尼尔·伯努利

清代古籍《痘疹定论》论述了天花痘疹发病及防治方法

1906 年，哈默（1862—1936）建立并分析了一个离散时间模型，以了解麻疹疫情的复发情况。1911 年，诺贝尔生理学或医学奖获得者罗斯（1857—1932）爵士利用微分方程模型对蚊子与人群之间传播疟疾的动态行为进行了研究，并得出如果将蚊子的数量减少到一个阈值以下，那么疟疾的流行将会得到控制的结论。1927 年，克马克（Kermack）与麦肯德里克（McKendrick）为了研究 1665—1666 年黑死病和 1906 年瘟疫的流行规律，改进了罗斯的模型，构造了著名的 Kermack-McKendrick 模型，也就是后来被人们熟知的 SIR 模型。在此模型的分析基础上，他们提出了疾病是否流行的"阈值理论"，为传染病数学模型的研究奠定了基础。

近几十年来，国际上传染病动力学的研究进展极为迅速，大量的数学模型被用于分析各种各样的传染病问题。各种修正模型也不断涌现，如 SIS 模型、SIRS 模型、SEIR 模型等。

这里，我们主要谈谈用动力学系统刻画传染病传播的简化数学模型，该模型的前型是 SI 模型，后型有 SIR 模型、SEIR 模型等。读者想要进一步探索这些模型的话，可以参考相应的文献。这些模型主要用于刻画宏观的传染病蔓延过程，从红眼病到天花、从禽流感到 SARS 都可以修正模型后使用。下面，我们简单介绍一下 SI 模型和 SIR 模型。

假设

（1）疫区封闭，即总人数 N 为常数，其中染病人群（ill people，记作 I）的数量在时刻 t 为 $i(t)$，其余人群为易感人群（sensitive people，记作 S），$i(t)$ 为连续光滑函数；

（2）在单位时间内一个病人能接触到的人数为定量，记作 k_0，称为接触率，病人会将接触到的健康人（易感人群）传染成病人；

（3）初始时刻的病人数为 i_0。

SI 模型　病人数的增长率就是传染率，而传染率为接触率 k_0 乘以易感人群在总人口中的比例 $1 - i(t)/N$，即 $i(t)$ 满足下面的常微分方程的初值问题：

$$\begin{cases} \dfrac{\mathrm{d}i(t)}{\mathrm{d}t} = k_0\left(1 - \dfrac{i(t)}{N}\right)i(t) \\ i(0) = i_0 \end{cases}$$

上述方程虽然是非线性的，但可分离变量，所以可求得解为

$$i(t) = \dfrac{N}{1 + \left(\dfrac{N - i_0}{i_0}\right)\mathrm{e}^{-k_0 t}}$$

其解的大致图形如下图所示。

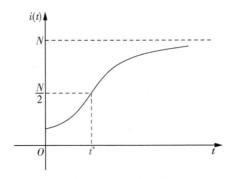

SI 模型病人数随时间变化的函数图

可以看出，病人数始终随着时间单调上升，在某一时刻 t^* 增长率达到最大，然后逐渐减缓直到趋于 0。随着时间趋于无穷，疫区所有人都将成为病人。

应用 该模型可以估计病人数的增速何时达到最大。为此，对模型的常微分方程求导并令其为 0：

$$\frac{\mathrm{d}}{\mathrm{d}t}\left(\frac{\mathrm{d}i}{\mathrm{d}t}\right) = k_0\left(\frac{\mathrm{d}i}{\mathrm{d}t}\left(1-\frac{i}{N}\right)+\frac{i}{N}\left(-\frac{\mathrm{d}i}{\mathrm{d}t}\right)\right)$$

$$= k_0^2\left(1-\frac{2i}{N}\right)\left(1-\frac{i}{N}\right)i = 0$$

注意到 $0 < i < N$，我们得到当 $i = i^* = \dfrac{N}{2}$ 时，$\dfrac{\mathrm{d}i}{\mathrm{d}t}$ 达到最大，即在病人数达到疫区总人数的一半时，病人数的增长率达到最大。将 i^* 代入方程的解，可以算出

$$t^* = \frac{1}{k_0}\ln\left(\frac{N}{i_0}-1\right)$$

在 SI 模型中，疫区所有人终将变成病人的结论与事实不符，所以 SI 模型需要改进。历史上发生过的重大传染病传播到最后总有人未被传染，总有一定比例的人群活下来。回顾 SI 模型的建模过程，我们发现，建模过程忽略了一个重要的因素，即只考虑了传染病"发威"的过程，却没有考虑人本身抗拒传染病的能动性。事实上，并不只有易感人群变成病人，病人也可以被医治好（或者自愈）或者死亡从而不再是病人。

SIR 模型是对 SI 模型的推广，即考虑病人可以被医治好或死亡，我称这种状态为"医完"。医完的病人或者具有了免疫力，或者已经死亡。由于这部分人群不再有被传染的可能性，就不再对传染过程有任何影响，所以这部分人群也被称为移出人群（removal people，记作 R）。天花的传播过程就是这样的，常见的水痘治愈病人也因产生抗体而有这样的特点。当然更细致的模型会区分治愈人群和病亡人群。

假设

（1）与 SI 模型的假设相同；

（2）病人的医完率为 k_2；

（3）医完病人或治愈后有了免疫力或死亡，不可能再次染病。

SIR 模型　　SIR 模型对 SI 模型的改进是考虑了病人被医治好或亡故的可能性，即染病人群的数量不仅由于易感人群被传染而增加，也因病人被医治好或亡故而减少。传染率为 k_0，医完率为 k_2。这样，病人数的增长率等于传染率减去医完率。但医完的病人由于有了免疫力或死亡而不再具有被传染的可能，就不能再归入易感人群。所以，在 SIR 模型里，除了患病人群和易感人群，还有一个医完人群（或移出人群），记作 R。这样，SIR 模型的初值问题就变成了一个常微分方程组的初值问题：

$$\begin{cases} \dfrac{\mathrm{d}i(t)}{\mathrm{d}t} = k_0 s(t)i(t) - \dfrac{\mathrm{d}r(t)}{\mathrm{d}t}, & i(0) = i_0 \\[2mm] \dfrac{\mathrm{d}r(t)}{\mathrm{d}t} = k_2 i(t), & r(0) = 0 \\[2mm] \dfrac{\mathrm{d}s(t)}{\mathrm{d}t} = -k_0 s(t)i(t), & s(0) = N - i_0 \end{cases}$$

由于 $s(t) + i(t) + r(t) = N$，上面的方程组可简化为

$$\begin{cases} \dfrac{\mathrm{d}i(t)}{\mathrm{d}t} = (k_0 s(t) - k_2)i(t), & i(0) = i_0 \\[2mm] \dfrac{\mathrm{d}s(t)}{\mathrm{d}t} = -k_0 s(t)i(t), & s(0) = N - i_0 \end{cases}$$

这个方程组难以直接得到解。需借助计算机利用计算方法解决问题，当然用计算机必须要知道模型参数，如 k_0, k_2。例如，当

$$k_0 = 0.3, \quad k_2 = 0.1, \quad i(0) = 0.1, \quad s(0) = 0.99, \quad r(0) = 0, \quad N = 1$$

时，易感人群（S）、染病人群（I）和医完人群（R）的数量变化如对页图所示。SIR 模型通过 20 世纪初的印度孟买瘟疫数据得到了非常好的校验。

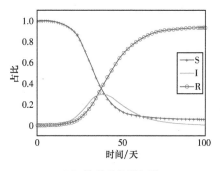

SIR 模型函数模拟图

在实际中应用传统传染病模型有如下结论。

• 根据不同传染病的不同性质，一般使用不同的修正后的传统传染病模型来刻画传染病流行的大致走向，但想准确描述传染病的传播过程，只能在疫情结束后，在对疫情期间真实数据处理分析的基础上，校验相关参数后实现。

• 模型中的参数，包括传染率、治愈率和病亡率都不是常数，但可以通过反问题等方法，利用前期的数据，分阶段得到这些参数关于时间的函数。

人类和传染病的斗争一直在继续。数学在其中也将继续助力。通过对传染病模型的分析可以得出，传染病防治的主要思路就是——降低传染、增加治愈、减少病亡！

第四章

今天的
数学战场

　　我们的生活正以不可思议的方式飞速地改变着，越来越多的新方式以高科技的形式出现并深刻影响着我们的生活，而助推这些"高科技"的正是数学。从某种意义上说，高科技的较量就是数学的较量，高科技的竞争就是数学的竞争，高科技的战场就是数学的战场。数学已经大踏步地从幕后走到台前，尽管还披着"云"、区块链等"马甲"。信息时代，安全、高效等要求对数学的依赖性极强，数学的重要性日益突显。虽然参加主战场的是广大科技人员，但社会对大众理解数学、形成科学素养的要求也从来没有像今天这样迫切。

　　然而各种"马甲"仍然限制着人们亲近数学。在这一章，我们试图解开这些"马甲"一点点，让更多的数学"曝光"。

与云共舞

"云"来了！

"云计算""云存储""云空间""云数据""云信息""云金融""云市场""云教育""云娱乐"…… 我们正被新名词砸得云里雾里、晕头转向，还不清楚这"云"是不是"霾"，但不管我们喜不喜欢，"云"实际上已经渗透到了我们的生活中。

云方式概念图

"云"代表着最新的技术，最早应该从"云计算"开始。"云计算"的定义如下。

狭义

狭义上的云计算是指 IT 基础设施的交付和使用模式，通过网络以按需、易扩展的方式获得所需的资源（硬件、平台、软件）。提供资源的网络被称为"云"。"云"中的资源在使用者看来是可以无限扩展的，并且可以随时获取、按需使用、随时扩展，并按使用付费。这种特性通常被描述为像用水电一样使用 IT 基础设施。

广义

广义上的云计算是指服务的交付和使用模式，通过网络以按需、易扩展的方式获得所需的服务。这种服务可以是和 IT、软件、互联网相关的，也可以是任意其他的服务。

云计算的一个核心理念就是通过不断提高"云"的处理能力，进而减少用户终端的处理负担，最终使用户终端简化成一个单纯的输入输出设备，并能按需享受"云"的强大计算处理能力。

云计算是专业性比较强的技术，似乎离普通人还远，但由此衍生出来的云技术已经强势地进入我们的生活。譬如发送一封电子邮件，我们不会关心这封邮件的传送经过了哪些路径，使用了什么样的服务器，我们只关心一头一尾，发得是不是顺畅，收得是不是安全；我们利用"云存储"存放我们的资料，我们不关心到底存放在哪个地方，我们只关心空间是不是足够，存储是不是安全，存取是不是容易。简单地说，云技术就是这样，当你在网上提交一项工作，云技术将其分割细化，交付网络上待命的节点工作，这些节点将工作结果汇总返还给你。你不需要知道谁为你干活，你只要结果，并为这个结果付费，而由网络去分配各节点的"劳务费"。从这样的理解中我们可

以看出"云"的特点：**任务碎片化，效率快捷化，服务专业化，参与灵活化，资源动态化，管理虚拟化，系统无界化。**

从这些特点出发，云技术告诉我们：我们不需要拥有一个强大的计算机就可以进行复杂的计算；我们不需要购买整套昂贵的高级软件也可以应用软件的某些功能；我们没考进名牌大学也可以聆听心仪的优质课程；我们不需要具备 VIP 的资格也可以享受到专业的金融服务；我们不出国也可以参与国际会议、欣赏世界各地的名胜……还有太多太多的可能。

云技术正显示出强大的能量和生命力。人们对新生事物往往持欢迎的态度，但新生事物往往也带来了许多的未知。技术是工具，永远具有两面性，强大的技术在带给人们巨大便利的同时，也隐藏着巨大的杀伤力，说它是不见血的大规模杀伤性武器也不为过。例如"云诈骗"，诈骗犯远在国外，面也不见，就动辄骗走几百万元，将受害者毕生积蓄洗劫一空。而"云"的特点也必然带来犯罪的迅速性和隐蔽性以及侦探和追踪的困难。所以云技术将带给人们许多全新的问题，不仅是技术上的，还有法律上的、管理上的，等等。

这样一来，"云安全"就变得格外重要。"云系统"的安全性应该是脆弱的，因为你完全不知道发出的请求落在谁的手上。然而从另一方面讲，由于任务的碎片化，只要能保证一头一尾的安全性，中间的碎片部分是相对安全的即可，当然中间部分和头尾一样，也需要加密（见"密码疑云"一节），这样也使得提高安全性不是一句空话。这里面的课题很多，在理论上，对数学也提出了前所未有的挑战。

尽管"云"的概念早已突破了国家的范畴，然而是否掌握云技术和云技术是否超前已成为国家科技实力高低的象征之一。打个比方，某国的"云监管"已经侵入了厨房，然而并不是所有油盐酱醋都有价值。要从海量的信息中找到有价值的情报，并进行远程操作，这意味着强大的大数据处理能力。

披着"云"外套的是谁？这可没有"云想衣裳花想容"来得那么浪漫。也许，将来人们惊呼的口头语"我的天啊"要改成"我的云啊"。

对于脚步越来越近的"云时代"，你准备好了吗？

密码疑云

在现代生活中，密码已经如影相随，没有密码在网络世界中寸步难行，对密码格式的要求也越来越多，从 7 位以上到包含大小写字母，从包含字母和数字到包含特殊字符，好不容易设置好了，又很快忘掉，再次输入总是输错，被计算机无情拒绝，直让人发疯。网络强大，但密码难弄，离不开又记不住，真叫人又爱又恨。这个密码，英文是 password，实际上是密钥，中文有时叫口令，和我们本节要说的密码还不太一样，不过从已知人不知的角度讲也算类似。

我们这里说的密码是一种加密传送方式。这很容易让大家想到风云诡谲的第二次世界大战。尽管密码技术由来已久，但在第二次世界大战中，由于无线电技术的大量应用，军事情报可以通过无线电快捷传送，但同时截报也变得方便，于是密码博弈当之无愧地成为第二次世界大战的重要战场，密码就是这个战场的关键。密码实际上就是定义了一种数学映射，例如将每个英文字母对应其后一位，即 a 对应 b，b 对应 c，以此类推，这样单词 good 就变成了 hppe。这样的密码很容易根据语言的规律进行破译，所以当时真正应用的密码要复杂得多。有时是一本密码本，有时就是一个数学公式。在密码战争中也出现过很多英雄，如大名鼎鼎的计算机逻辑"大神"图灵。

图灵（1912—1954），英国数学家、逻辑学家，著名的图灵机模型和图灵测试的提出者，第二次世界大战中曾协助破译德国的著名密码系统恩尼格玛密码机，帮助盟军取得了第二次世界大战的胜利。他被誉为"计算机科学之父"和"人工智能之父"。美国计算机协会（ACM）设立的"图灵奖"是计算机领域的国际最高奖项，被誉为"计算机界的诺贝尔奖"。

图灵

从数学上来说，密码就是将信息内容映射到一堆乱码上从而安全传送，信息送达后再将乱码逆映射回来。所以第二次世界大战时密码博弈就在于如何获取密码本或者在没有密码本的情况下破译密码。

随着计算机技术的飞速发展，当初的密码已成为"小儿科"，强大的计算能力可以秒秒钟破解那些单一的加密技术。而今天的密码所要承担的保密范围也远不止军事机密。随着网络技术的发展，我们越来越依赖网络，不可避免地，我们的隐私也跟着我们"上网"。那么如何在鱼龙混杂的系统里传递信息，保证自己的隐私只让想告知的人知道而不被他人窥视？这是现代密码技术要完成的任务之一。

1976年，美国的迪菲（1944—）和赫尔曼（1945—）提出了一种非对称的密钥交换协议。密码有一对公钥和私钥，它们是通过一种算法得到的一个密钥对。其中公钥是密钥对中公开的部分，私钥则是非公开的、双方自己保存的部分，它们共同存在，互相解密，各司其职，标志着持有者的身份。这种方式提升了信息传送的专一性和安全性。

简单地说，对于两个节点 A 与 B 之间的通信，公私钥系统要保证：第一，A 通过公开系统发送给 B 的内容只有 B 看得懂；第二，这则信息的发送人是 A，不是别人冒充的。那么公私钥系统是如何工作的呢？实际上，在这个系统里，每个节点都拥有唯一的公私密钥对，全网都知道所有节点的公钥，A 要发一则信息给 B，只要用 B 的公钥对信息加密，然后发给 B，而这则加密信息只

能由 B 自己的私钥解密，对网上其他节点来说，没有私钥，那只是一堆乱码。这样就实现了上述的第一条保证。那么对于 B 来说，公钥是公开的，任何人都可以冒用 A 的名义并用 B 的公钥将信息加密后发给 B，B 如何鉴定呢？这时 A 就需要在信息里用自己的私钥签名，B 收到信息后，只要能用 A 的公钥成功解密这个加密的签名，就可以确认发信者确实是 A，这样就实现了上述的第二条保证。现在问题又来了，既然公钥是公开的，加密也不会太难（不然岂不吓退了一般的使用者？），那么可不可以通过公钥找到其私钥，这样被破解密钥的节点不就透明了？而事实上，公钥加密容易解密难，一般人做不到，也不屑费大力气去了解别人家长里短的琐事。

当然为了得到敏感的、重要的信息，专家们正在通过大型计算机不断挑战不同的解密方式。简单地说，现代的密码技术利用了数学中有些函数极易求正函数而极难求反函数的性质，例如容易从函数的因式积形式展开成多项式，而很难从多项式进行因式分解，对于高幂函数，其难度更是会大幅增加。当然今天用于加密的函数比多项式难得多。例如哈希函数（又称散列函数），是把任意长度的输入通过散列算法变换成固定长度的输出，该输出就是散列值。这种函数是一种压缩映射，由于散列值的空间通常远小于输入的空间，不同的输入可能会散列成相同的输出，所以不可能从散列值来反求输入值。哈希函数没有一个固定的公式，只要符合散列思想的函数都可以被称为哈希函数。由此看出，哈希函数有一个明显的特点，就是它很难找到逆向规律。

今天，计算机越来越强大，解密能力也越来越强。新的加密方式也不断被发明、被研究，层出不穷。今天的密码战场比第二次世界大战时更激烈，而且战争以后也不会停止，只会愈演愈烈。如何找到更有效、更安全的加密方式，并找到更有效、更快速的解密方式，听起来像是"道高一尺，魔高一丈"的矛盾，而解决这个矛盾的武器就是数学。

挑战裸脑

2016 年末至 2017 年初，神秘棋手以"Master"为网名在 30 秒一手的围棋快棋赛中挑战当今人类围棋顶尖高手，结果击败了包括聂卫平、柯洁、朴廷桓、井山裕太在内的数十位中日韩围棋高手，取得了 60 胜 0 负 1 平的战绩，在围棋界和科技界引起巨大反响。事后，谷歌公司宣布"Master"就是计算机围棋程序 AlphaGo（阿尔法围棋，人称"阿尔法狗"）的改进型，是其旗下 DeepMind 公司人工智能计划成果的一部分。网上快棋赛的"枪手"是团队的黄士杰博士。

"阿尔法狗"是一款围棋人工智能程序，由 DeepMind 公司哈萨比斯领衔的团队开发。之所以称它为"阿尔法狗"，是因为 Alpha 是第一个希腊字母 α 的英文，而 Go 就是围棋的英文名称，正好和汉字"狗"同音。这条人工"狗"的主要工作原理是深度学习，它一面世就有不俗的表现，在 2016 年 3 月与围棋世界冠军、职业九段棋手李世石进行围棋人机大战，并以 4：1 的总比分获胜。此后，进化过的它更是"孤独求败"。

DeepMind 公司的"阿尔法狗"标志

"阿尔法狗"的横空出世，从"明挑"李世石 4：1 到"暗算"一流高手阵六轮连胜，让围棋界的人类"裸脑"溃不成军。这不仅让从事象征人类最高智力活动之一的围棋的人们面临来自计算机的完全不对等的挑战，也让其他"烧脑"的智力活动如琴棋诗画危机四伏。围棋界面对这难以接受的事实，有人全面投降，直接考虑让棋规则；有人选择逃避，傻傻指望天才降临；也有人打肿脸充胖子，强词夺理，口出狂言。现在，终于到了不仅是围棋界，其他智能领域也感到"寒气逼人"的时候，我们面临的问题是：人工智能到底会走多远？计算机会控制人类吗？

稍了解历史的人会觉得这个场面似曾相识。对的，当扬尘飞奔的马车遇到轰轰隆隆的火车，当巧妙精湛的手工艺碰上日夜工作的机器……想想那时，一样的无措，一样的恐慌。到后来，人们也都慢慢接受和习惯了，而且有了应对和共处的方法。实际上，"阿尔法狗"只是一个武装和扩展了人类"裸脑"的新颖工具或武器，它与"裸脑"的关系类似于电锯与赤手、机枪与空拳。但它的出现标志着人类智慧进入了一个新时代。

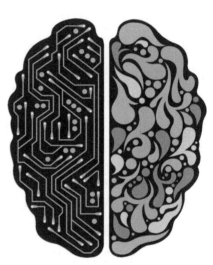

人工智能与"裸脑"

计算机作为人类的脑力延伸，其实有一段历史了。先是简单的算术运算，然后是复杂的科学计算，到如今生活的各个方面，计算机一步一步取代了许多人类"裸脑"的工作。事实上，当下的时代就是由计算机革命带来的信息时代和大数据时代。

今天，人们早已习惯于将那些烦琐笨重的重复性劳动交给计算机。然而，在人们心里，有一块神圣的领域是计算机不可也不能染指的，这就是人类可以进行创作的智慧领域，这也是人类区别于计算机的象征。然而在今天，这个领域也一点一点地被计算机侵入。就说棋类吧，先是跳棋失守，然后是五子棋沦陷，不过人们很快把它们当成纯游戏，输赢不计，消磨时间而已。五子棋更是分成等级，等着不服输的玩家来玩。不过人们觉得在五子棋上输给计算机不算丢脸，因为对于五子棋，人类谁下得最好本来就没有定论，这种老少皆宜的棋也太简单了，而且有很大的先手优势，只有象棋、围棋才上得了台面。

然而，早在20多年前的1997年5月11日，计算机"深蓝"（Deep Blue）在正常时限的比赛中以2胜1负3平的战绩首次击败世界排名第一的俄罗斯国际象棋棋手卡斯帕罗夫，宣告人类棋坛失守了一块重要领地。现在看来，计算机还是给人类留了面子。那之后也基本没人用象棋去挑战计算机了，但人们心里还有围棋。事实上，那时的计算机还没有办法处理复杂程度比象棋多了好几个数量级的围棋，所以造成了人们的错觉：围棋是捍卫人类棋坛尊严的最后领域。这就是为什么"阿尔法狗"的出现并迅速成长，让人们变得那么惊慌，这说明人类不仅在棋坛上全面溃败，引以为傲的其他智慧净土也不再太平。"裸脑"受到前所未有的致命挑战。

"阿尔法狗"并不代表计算机的全部，只是因为弈棋鲜明的胜负特征，人们自然而然地把它当成了"计算机方"的代表，而当人类无法战胜它时，就感到人类落败了。其实"阿尔法狗"是人造的，"阿尔法狗"

已成为历史的"深蓝"计算机

不过是一个程序和一个包含棋谱的数据库。这个程序就是一个博弈算法，是人写的。现在，我们就来看看人类是怎么制造它、训练它，使它成为棋场上的一名"斗士"的。这里人类使用的秘密武器叫作"深度学习"。深度学习的成功主要归功于三大因素——大数据、大模型、大计算。

众所周知，围棋棋盘上有 361 个点，每个点有黑、白、空 3 种状态，所以围棋的理论变化数为 3^{361}，约等于 10^{172}，这是一个很庞大的数字，这种千变万化是很难用穷尽法考虑的。对弈的算法一定要优化，不然很难在有限时间里给出结果。"阿尔法狗"的核心是深度学习程序。这个程序主要应用深度神经网络技术形成的策略网络和价值网络，在它们的指引下进行蒙特卡洛树搜索（蒙特卡洛方法的介绍见第三章中的"统计妙用"）。这里我们简单介绍一下神经网络技术。

神经网络技术是一种利用类似于大脑神经突触连接的结构进行信息处理的数学模型。它没有一个严格的定义，但其基本特点是试图模仿大脑的神经元之间传递、处理信息的模式。这个模型中有大量被称为神经元的节点彼此连接，这些神经元通过某种特定的输出函数来计算自身与相邻神经元的加权输入值，而神经元之间的信息传递强度用加权值来定义，算法会不断自我学习，从而调整这个加权值。在此基础上，模型通过大量的数据来进行训练，训练时由一个成本函数来评估根据输入值计算出的输出结果与正确值有多少误差，然后根据成本函数的结果自学、纠错，重复这个过程，尽量找到神经元之间最优的加权值。可以看出，神经网络的计算量是巨大的，在计算速度不够快的时代很难有所作为。在深度学习围棋的过程中，"阿尔法狗"经历了从棋谱到实战的大量学习和训练，而它的改进版本学习能力更强，连外辅数据库都不需要了。

无论是神经网络技术还是蒙特卡洛方法，都面临很多理论和技术层面的挑战，有待进一步发展。例如面对大数据时代的海量数据，如何让计算机学习其中的有效部分？靠人工效率太低了。"阿尔法狗"学习的是围棋，数据量还不算大，它还有一个团队在背后支撑，但将这个方法用到其他领域，可能就会带来许多不同的困难。

如果读者感觉上面的语言太难懂，可以用下面通俗的表达来理解：当对方落下一子后，经过训练的"阿尔法狗"背后的系统会迅速基于数据库已有的棋谱计算各种落子的可能性和胜算，并进行优化分析，计算并决定出最优对弈的下一步。

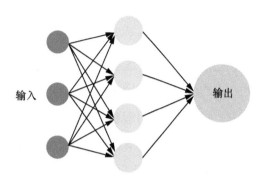

"阿尔法狗"的计算原理

俗话说，低手看一步，高手看三步，计算机由于其出色的计算能力，能看到的后续步数更多，而且一旦取胜，其优胜步骤也立即进入数据库。在这种情况下，如果算法合理，数据库数据齐全，计算能力足够，那么人类的确难以匹敌，而今天的计算机技术已经可以实现上面的条件。当然，人类也不是一点儿赢的概率都没有。如果有人想出了一套全新而强大的棋路，从未被纳入棋谱，计算机的数据库里没有，算法未被考虑到，那么，计算机目前还不能立即创造出一套全新的战法来应对，如此人类也有机会获胜。只是这种新棋路计算机可以迅速学会，那么下次人类就没那么侥幸，新招就不好使了。这也就是为什么"阿尔法狗"的新版本可以摆脱人类棋谱而自我学习，自己扩充数据库。

相比于象棋，围棋的可能性更多，所以计算量更大，需要更好的硬件和更优的算法，这就是为什么从"深蓝"到"阿尔法狗"，计算机进化了 20 余年。"深蓝"还可以看到有那么个实体，而"阿尔法狗"到底长得怎么样，"脑子"和"肌肉"有多发达，至今还深藏"云"中。谷歌公司相关团队 2016 年发表在《自然》杂志上的论文提到，"阿尔法狗"最初是在谷歌公司的一台计算机上进行"训练"的。谷歌公司利用这台计算机，让"阿尔法狗"的围棋水平提升到欧洲冠军的水平（相当于职业二段）。不过，这篇论文除了提到这台计算机装有 48 个中央处理器（CPU）和 8 个图形处理器（GPU）之外，并没有给出计算机的其他运算性能数据。但我们仍然可以估算——2016 年，我国的"神威·太湖之光"超级计算机在全球超级计算机 500 强中夺得第一，其计算能力峰值可达 125.436 PFLOPS（千万亿次浮点运算每秒），比上一年的冠军"天河二号"快了 2 倍，大约是"深蓝"的 60 万倍。尽管"深蓝"也不是那个时代最快的计算机，但它已具备每秒探明 2 亿个可能棋位的能力。从对比中可以感受到计算机技术的发展有多迅猛。

相比于单机版的"阿尔法狗"，分布式的"阿尔法狗"拥有 1202 个 CPU 和 176 个 GPU，算力猛增 24 倍，围棋水平也直线上升。如果"阿尔法狗"在对弈中通过云计算使用谷歌的计算机，其每台计算机的算力都和我国阿里云云计算的计算机相当，即为"深蓝"的 1000 倍左右，那么"阿尔法狗"的算力至少也是"深蓝"的 2.5 万倍。事实上，"阿尔法狗"装了多少个 CPU 和 GPU 决定着其对弈水平。通过下表可以看出，不同的配置决定不同的棋赛排名。

计算机的不同配置和对应的对弈水平

配置	搜索线程	CPU 数	GPU 数	ELO 等级分[注]
单机	40	48	1	2181
单机	40	48	2	2738
单机	40	48	4	2850
单机	40	48	8	2890
分布	12	428	64	2937
分布	24	764	112	3079
分布	40	1202	176	3140
分布	64	1920	280	3168

注：ELO 等级分可用来衡量棋手水平，分越高代表棋手水平越高。

也许你要问，是不是人工智能就这几招？实际上，"阿尔法狗"就这几招，但这远不是人工智能的极限，新的方法一定会不断涌现出来。在计算模型、计算能力和计算方法不断发展的未来，人工智能会更强大。

有人说，"阿尔法狗"只会在快棋赛中占优，其实不然。如果有更多的时间，"阿尔法狗"可以算更多步，对"裸脑"更不利。也有人说，"阿尔法狗"面世后，围棋比赛会萎缩，其实也不尽然。在没有汽车的古希腊，"飞毛腿"斐迪庇第斯是英雄；而在有汽车的今天，"飞人"博尔特也是英雄。"裸脑"的围棋冠军仍然可以毫不愧疚地当人类智慧的强者。另一方面，人们通过不同算法完全可以造出脾性不同的"贝塔猫"来，在同样的硬件条件下，算法的优劣是有一拼的，那么"阿尔法狗"对弈"贝塔猫"的"猫狗大战"，谁胜谁负还不一定呢。这样说来，围棋比赛不会结束。未来的棋类竞赛应该和今天的跑步、自行车、摩托车、赛车等比赛一样分为很多档次："裸脑"赛或带同等级算力的"阿狗阿猫"（超级计算机）的比赛。对于后者，比赛比的当然不仅是这些"运算宠物"的能力，也比制造这些"宠物"的参赛者的临场应变能力和统领协调"宠物"的能力，这就是——枪好使也要枪法好。

想象未来的棋类竞赛，网络赛可能会彻底游戏化，因为谁也不清楚网络背后的棋手带了什么样的"宠物"。但分级竞赛会很热闹，棋手和"宠物"都必须到场，通过"安检"，确定棋手的"宠物"属于哪个级别，然后进入该级别的赛场。所以以后的棋类竞赛将会更丰富、更精彩。

当然，人类"裸脑"还远不需要自卑。计算机进行的基本上还是"傻算"，只是胜在它的速度，人脑在很多方面的优势计算机还望尘莫及。要人工智能接近"裸脑"的思维方式，首先要对"裸脑"的思维方式有很深的了解，而要把这方面研究透，人工智能还有很长的路要走。

但人工智能已经引起了社会极大的兴趣。人工智能是研究、开发用于模拟和扩展人类智能的理论、方法、技术及应用系统的一门新的学科。目前它被视作计算机或自动控制等学科的一个分支，相信不久它就会以其综合性而独立出来。人工智能极富挑战性，涵盖数学、计算机、工程学和哲学等领域的内容。人工智能可以对人的意识和思维过程进行模拟，它基于人类的活动，即人类通过了解自身智能的本质，生产出的一种能做出与自身类似的反应的智能机器或系统，包括机器人制造、机器学习、自然语言识别和处理、图像识别和处理、专家系统等。人工智能的主要目标是使机器能够胜任一些通常需要人类智能才能完成的复杂工作。人工智能和数学的关系当然是密切的。人工智能自诞生以来，理论不断成熟，方法和技术日新月异，应用领域也加速扩大。随着计算机技术的日益强大，人工智能飞速发展，其中人工智能艺术更是异军突起。

智能机器人

人们常说人脑和计算机的主要差别是人脑具有创造性。什么叫创造性？百度百科是这么定义的：

一般认为创造性是指个体产生新奇独特的、有社会价值的产品的能力或特性，故也称为创造力。新奇独特意味着能别出心裁地做出前人未曾做过的事，有社会价值意味着创造的结果或产品具有实用价值、学术价值、道德价值或审美价值等。

在这个定义下，计算机基本上被认为没有创造性，它只能按照人的指令去做一些事。但是且慢，人的指令结果并不完全由指令人控制，例如：让计算机选择一个随机数，人只能控制计算机选出一个按照什么分布的伪随机数，却不能确定这个随机数具体是多少。所以计算机的确有可能在人控制的既定范围内得出一些人所不能预测的结果，只是计算机并不能判断结果是否有意义，而这个判断的权利仍在人手上。当然人脑还有一个计算机没有的东西——情感！

人工智能能否像人类一样进行创造，一直是争议不断的重要话题。其中关键问题之一，是如何使人工智能能够模拟人类，进行独创性的内容生产，并不断通过学习提高自身创造水平。人工智能的优势是它极快的"创作"速度，一会儿工夫，良莠不齐的一大堆创作物就做出来了。人类艺术家沦为了"拾荒者"，要从这一大堆乱七八糟的玩意儿里筛选出佳品。真有"杰作"，还不能自己署名，这个工作实在苦不堪言。但同时这些"佳作"又是人类的产品，受知识产权制约。近几年，我们经常能看到关于人工智能作画、作曲和写诗的新闻，而且有些作品完成得很不错。越来越多的人工智能产品通过了图灵测试，所以有关人工智能的问题就一再被讨论。人工智能作画、作曲、写诗本质上是通过以数学为基础的程序进行艺术"创作"，所以这是数学和艺术相结合的很好范例，而其蓬勃发展使得艺术和数学的关系进一步密切。人工智能具有深度学习的能力，它可以在已有的人类艺术创作精品的数据基础上模拟"创作"，不断进步，逐渐形成"自己的"风格，通过关键词或图片的提示，"创作"出相关主题的作品，而且完成速度极快。人工智能是人类智能的扩展工具，这一点大家已不再怀疑，但它到底能不能超越人类的"创作特权"，人工智能在人类智慧领域到底可以走多远等问题已是哲学范畴的事了。有人惶恐艺术这一人类最值得自豪的阵地最终将失守于人工智能，也有人自信人工智能永远也无法取代人类创造，还有人认为人工智能和人类合作是艺术的未来。这样的讨论已经如火如荼，这里就留给读者思考。

为了区别人工智能与人类思维，模拟人脑的运算过程，大数学家、计算机学家图灵构造了一台假想的机器，它由以下 4 个部分组成。

（1）一条右端无限长并被划分为一个接一个的格子的纸带。每个格子里包含一个来自有限字母表和空格的符号。纸带上的格子从左到右依次被编号为 0, 1, 2, …。

（2）一个读写头。它可以在纸带上左右移动，能读出并能改变当前所指的格子里的符号。

（3）一个状态寄存器。它用来保存机器当前的状态。所有可能状态的数目是有限的，并且有一个特殊的状态，称为停机状态。

（4）一套控制规则。它根据当前机器所处的状态以及当前读写头所指的格子里的符号来确定读写头下一步的动作，并改变状态寄存器的值，令机器进入一个新的状态。

这台机器的每一部分都是有限的，但它有一条潜在的、无限长的纸带，因此这台机器只能是一个理想的设备。图灵认为这样的一台机器就能模拟人类所能进行的全部计算过程。

图灵测试　测试者在与被测试者（一台机器）隔开的情况下，通过一些装置（如键盘）向被测试者随意提问。进行多次测试后，如果有超过 30% 的测试者不能判别被测试者是人还是机器，那么这台机器就通过了测试，并被认为具有人类智能。

不过，这个测试虽然具有一定的权威性，但今天也遭到了越来越多的质疑，因为图灵测试似乎越来越难对付越来越聪明的人工智能，也许图灵测试也需要与时俱进。

放眼今天，人工智能已出现在我们生活的方方面面，除了前面说过的会下围棋的"阿尔法狗"，各种专业机器人（目前的人工智能还没有全能型的，这一点和人类还有一定距离）如无人机、无人驾驶车、无人投递车、机器人引导员、机器人清洁工、机器人护理工、机器人老师、机器人医生等都已随时可见，在很大程度上方便了我们的生活，这类机器人的发展方兴未艾。

然而还有一个问题悬在我们头顶：人类将来会不会受控于计算机？这是一个热门而深刻的哲学问题，也远没有结论。目前来看，这个忧虑暂时不会在短期内变成现实，但许多科幻影片所描述的人类创作出来的"怪物"因失控而反噬人类的噩梦也不是没有可能成为现实。从理性的角度分析，如果计算机想要超越人类，就首先要像读棋谱那样读懂人类所有的思维，这一点人类自己都做不到，目前的技术也远做不到这一点。不过有不少人已经开始担忧由此引发的伦理风险，并呼吁限制对人工智能的研究，我认为这有些杞人忧天了。科学和技术的发展是限制不了的，人类有智慧处理好自己和自己制造出来的"宠物"之间的关系，只是我们在发展科学技术的同时，哲学研究也将会更重视这种关系。

虚拟生态

今天的生活离不开网络，这个以现代技术为基础的虚拟空间给人们提供了一个新的社交领域。人们好像更喜欢这个领域。这大概是因为信息丰富快速，办事方便快捷，生活效率大幅度提高，社交可戴面具，想象空间开阔。事实上，过去许多"跑断腿"的业务现在都可以在网上完成，如在网上银行支付水费和电费、大型企业内部各类经济指标核算、合作企业之间的自动订单、股票的自动化交易，以及打着人工智能名义的自动化投资理财管理等都已成为常态，而这些功能的实现，背后就是以数学为基础的算法。

VR 眼镜成为热卖产品

在这里我们只举一个例子——网络搜索排名背后的数学。我们知道常用的网络搜索引擎有谷歌、百度、雅虎等。很多搜索引擎都是将搜索得到的网页按照一定的规则排出先后再呈现给用户的。在输入关键词后，网络会给出一列和关键词有关的链接和简介。那么网络是怎么做到的呢？

假设通过关键词，搜索引擎初筛出了一个小型的网络组，存在着一定量的网页，它们相互联系。网页中有链接相互指向，这才使得我们点击一个链接就可以进入另外一个网页。要对网页进行排序，我们首先需要假设网页有内在的质量（如重要性或与搜索内容的相关程度等），若网页的总数为 N，记质量参数的值为 $x_i(i = 1, 2, \cdots, N)$。

我们把网页中的链接看成一种投票，例如，网页 A 中有某一个链接指向了网页 B，我们就说网页 A 给网页 B 投了一票。可以从如下角度理解这个问题：一个优质的网页有很大可能不愿意链接一个较差的网页，反之，一个不是很好的网页却经常要链接一些重要的网页。记矩阵 $A=(a_{ij})$，每个 a_{ij} 记录了网页 j 中有没有链接指向网页 i，若有则 $a_{ij}=1$，否则 $a_{ij}=0$。一个优质的网页链接的也应该是优质的网页，即若有两个不同的网页接受了相同数量的网页链接指向，则这些指向这两个网页的页面质量就可以用来度量这两个网页的重要性。这样，对于一个特定的网页 i，它的优质程度就是

$$y_i = a_{i1}x_1 + a_{i2}x_2 + \cdots + a_{iN}x_N$$

既然 y_i 和 x_i 一样记录了网页 i 的质量，应该有 $y_i = \lambda x_i$。把上式写成矩阵形式就是 $y = \lambda x = Ax$。换言之，x 是矩阵 A 的分量全为非负实数的一个特征向量。我们要求的就是这个特征向量。为此我们先给出一个关于特征向量的代数定理。

佩龙 - 弗洛比尼斯（Perron-Frobenius）定理　若矩阵 A 是一个不可约的非负矩阵，则矩阵 A 的按模最大特征值也是它的最大特征值，它对应的特征向量可以通过适当选取使得所有分量全为非负实数。

我们可以用幂法或者 MATLAB 中的 eig 命令来计算这个特征值以及特征向量。定理中的"不可约"是指不可以通过行列相同的置换使之变为分块对角矩阵,"非负矩阵"是指它的所有元素都是非负实数。

幂法　求矩阵 A 的按模最大特征值及其对应特征向量,步骤如下。

(1) 给定初始向量 $x^{(0)} = (1, 1, \cdots, 1)^{\mathrm{T}}$,容许误差为 ε,$k = 0, 1, 2, \cdots$ 且初始值为 0;

(2) $u^{k+1} = Ax^k$,$x^{k+1} = u^{k+1}/t_k$,t_k 是 u^{k+1} 的按模最大分量;

(3) 若 $k > 1$ 且 $|t_k - t_{k-1}| < \varepsilon$,停止计算,否则令 $k = k + 1$ 并转第 (2) 步;

(4) t_k 为所求的按模最大特征值,x^k 为其特征向量。

上述模型有一个缺点,即一个网页若有许多链接,则它就投出了很多票,这样一些没有实质内容却有着许多链接的网页从定义上来讲变得非常重要。所以我们要像一个真正的民主投票一样,限定每个网页只能投一票。若网页 A 中有两个链接分别指向网页 B 和网页 C,则认为网页 A 分别向网页 B 和网页 C 投了 1/2 票。记矩阵 $B = (b_{ij})$,$b_{ij} = a_{ij}/p_i$,p_i 是矩阵 A 第 i 行非零元素的个数,由于矩阵 A 的元素全为 1 或 0,p_i 也是矩阵 A 的第 i 行元素之和,因此矩阵 B 的各行元素之和均为 1,也就是每个网页的投票数只能为 1。把矩阵 B 替换进幂法或者 Perron–Frobenius 定理可以得到类似的结论。

这样我们就得到了一个关于网站质量的排名模型。当然,这只是一种简单情况,真正的网页排名模型还要考虑相关性等因素。此外,真实世界里网页的数量是巨大的,且链接关系是动态的,这些都需要更加高效的算法以及更多其他的技巧。然而事情都有两面性,好事坏事总是结伴而来。网络带给我们丰富资源的同时,也因发展过快而带来管理不到位的问题,以及因技术不完善而带来虚假信息和网络暴力等问题。所以维护虚拟生态的第一要素就是安全,而维护安全的工具除了法律和规则,在技术上就要靠数学。网络风险有下面几个层次。

(1) 通过网络传送的虚假信息,包括诈骗信息、虚假社交网络身份等,这和传统的诈骗相同，只是通过网络更加便捷。

（2）正规合法软件的程序漏洞（bug），这是技术自身不完善带来的问题，却留下了风险漏洞。

（3）截获个人隐私信息的钓鱼网站和强制广告软件等，这些多半是违法行为。

（4）破译密码等重要信息，非法侵入，伪造篡改原始数据，非法植入钓鱼软件、"肉鸡"软件等黑客方式，这些大多是严重的违法行为。

第（1）条和传统方式一样可以通过法律来规范，后面3条则要通过技术手段改善网络安全技术来防范，并通过法律手段打击。当然，随着对网络风险的防范水平的提高，网络安全性也将不断提高。

网络安全概念图

安全是一个比较宽泛的词，常与信任问题关联。特别是网上交易，不见面的双方要达成交易，安全问题尤为突出。以前遇到诈骗，最多损失兜里的钱，今天却有可能让你倾家荡产。在传统生活方式中，我们尚可通过建立信用体系和法律体系对负面行为加以约束。传统交易"一手交钱，一手交货"

的特点让支付和货物的转移过程同步，交易能够很快结束，就算出现欺诈也只是影响一笔交易而不是整个交易体系。而纯网络交易，即整个交易在网上进行，信息传递渠道是虚拟的，信用佐证也并不完全可靠。数据传输又是基于网络的，交易的风险性急剧增大。即使订单、合同、信用证和担保这些书面的文本能够被数字化，在网上传输时也仍然会有损坏、伪造、篡改等问题。这种过于依赖技术的交易方式，如果因程序不完备、计算机运维人员故意欺诈、黑客入侵甚至宇宙射线干扰等因素导致错误地发出购买请求或执行订单，又当如何？我们甚至都无法判断对方究竟是一个人还是一个智能设备抑或是一只猴子，是否存在恶意，数据在网上传输时是否被第三方截获并篡改。因此，交易数据的不可篡改性对于网络安全极为重要。

考虑到现有的计算机系统面临的问题，目前的交易数据都存储在大大小小的数据库中，由相关的组织机构管理。我们今天经常会授权给公共事业的提供商从我们的银行账户中自动扣费以支付水费、电费等日常支出，但是如果由于某种异常原因多扣了一笔，我们就要通过各种手段来佐证这笔扣费交易的非法性，这在实际中往往是非常困难的，我们得到的反馈有时却是傲慢的"计算机不会犯错"。事实上，人们经常由于追查审计既需要很高的专业性，又很费时费力，成本远高于交易本身而主动放弃申诉。但如果有入侵的黑客或者是恶意的内部员工人为地给每个人的账户加上 1 亿元或者清零，那必然会有一方遭受巨大损失。

俗话说，堡垒是最容易从内部攻破的，对外严格有助于提高系统的安全性，但也仍然要进行组织的自我改进，否则就不能彻底解决问题。即使是从外面看上去监控严密的系统，在仅由一个特定的企业或组织管理时也难保会发生监守自盗的行为而给客户造成巨大损失。由错误交易引发的经济和法律后果可能十分严重，往往不是计算机系统的设计与开发人员可以承担的。而且隔着网络，就算我们想找那只肇事的"猴子"追责也十分困难。这种隐患今天已经广泛存在，很多情况下，交易都是以我们"被迫"信任对方为前提的，但是风险并没有消除，由于有些人的贪婪本性和企业的逐利本质，这种双方地位不对称的交易在交易金额很高时风险也会暴增。

因此，网上行为的不可否认性、记录的不可篡改性对捍卫整个网络的稳定是非常重要的，否则会从根本上动摇人们对这些体系和平台的信任。所以网络算法不仅承担着让人们的生活更方便快捷的职责，更要把安全放在首位。通常网上第一步也是最普遍的安全手段是通过静态和动态密码保护，经常还要设立机器人难以应对的图片匹配或问题互动等环节，再加上一般密码只有几次输错的机会，以此来防止机器人暴力破码。密码的设置和破译见"密码疑云"一节，而防止篡改、否认、伪造、替换密码，则可归结到区块链技术，见"区块链说"一节。

数字金融

金融是经济的血液，对我们生活的重要性不言而喻。对大多数老百姓来说，金融就是金钱、交易等实实在在的日常生活。交易这个社会行为有着很古老的历史，是整个人类经济社会中最基础、最重要的内容。然而今天的交易相比于传统的交易已经有了本质的变化。今天的物流、电商、银行、餐饮、娱乐、旅游等社会百业，使交易产生了许多新的含义。数字交易不断发展，所占比例越来越大。

在人类社会的发展史上，交易技术的进步往往会极大促进贸易的发展和人类社会的繁荣，从以物易物到货币的出现，货币从贝壳到金属再到纸币，使得财富可以更容易地被保管、转移和运输；纸币的出现表示货币已经脱离本身的价值而成为信用符号；信用的强化形成了银行，从而提高了资金的利用率、安全性与便利性。今天，互联网支持下的网络银行和第三方支付平台（如支付宝、微信支付等）进一步突破

诞生于我国北宋时期的"交子"是世界上
已知最早的纸币

了传统交易过程在空间和时间上的约束，使得地球上被网络连接在一起的任意买卖双方都可以进行交易，再次提高了交易的便利性和及时性，过去十几年里，淘宝、京东、亚马逊等大型电商平台对传统零售分销行业的颠覆性冲击就充分说明了这一点。

但是，互联网支持下的网络化交易并未解决所有问题，不仅如此，物联网和人工智能的兴起令问题更加复杂。金融的核心是数据，正如"虚拟生态"一节所提到的，你永远不知道网络的对面是一个人还是一个智能设备抑或是一只猴子。而且在互联网的世界里，追踪和举证都极其困难，因为记录交易的电子数据很容易被抹去、篡改或伪造，就算我们留有交易记录数据，但对方仍可以辩称这是我们伪造的，事情发展到这一步往往就会陷入僵局。事实上，这里最关键的问题还不是单笔交易，而是当记录交易数据的账本仅由一方保管时，我们如何才能相信数据的安全性呢？毕竟这可能直接决定一家企业的命运。

在现实中，带有国家政府背景的银行和信誉良好的大企业，在一定程度上可以承担这种账本的管理任务，并以自己的信用、强大的技术实力和内控机制保证数据的可信性，但是这样的交易中介平台无法覆盖所有类型的交易，更重要的是，过于集中化的交易平台本身就会成为整个社会系统中的薄弱点。重大的社会危机并不是天方夜谭。而企业毕竟是以营利为目的的，当面临重大经济危机、社会动荡和其他不可抗力时，是否依然能坚守社会责任并有能力支持这一账本的管理是需要打个问号的。而我们所希望的安全，是指即使在黑客入侵、内部人员监守自盗、企业倒闭跑路、发生自然灾害等各种情况下，数据依然能够具有被认可的安全性，或者说，已经被认可的数据如被篡改，系统也能有办法发现并判定相关记录的非法性。

总体上看，如果在一个体系中仅有一家组织或企业保管这个共同账本，就会产生很大的风险。而一旦极端事件发生，将会对整个社会的政治、经济、金融秩序产生极大的冲击，这显然不是整个社会希望看到的结果。更何况即使交易双方能够信任交易平台，这种高度集中的交易管理模式的风险也是很高的，前几年 P2P 小额贷款和电子货币交易平台运营过程中暴露出的诈骗、侵吞客户财产等案例就充分说明了这一点。虽然技术本身是中立的，但是如果应用技术的人在实际中不考虑社会责任、不能解决风险问题，那整个社会就要承担很高的风险以及风险发生之后的重建成本。

今天，新型的数字金融已经强势地进入我们的生活，其背后技术问题的解决方案就是带着十足数学味的区块链技术（见"区块链说"一节）。

这里我们列举一些已经面世和将要面世的数字金融方式。

数字货币　先是货币的电子化，如现在的支付宝、微信支付等，然后是如数字人民币的数字货币。数字货币必须能够解决交易过程中双方不能否认、确保安全等问题，否则它也不可能在现实中使用。数字货币和货币的电子化不一样。尽管电子化交易并不一定需要数字货币，但是数字货币的出现可以解决电子化交易中的许多问题。

数字人民币标志

据不完全统计，现在网络上的数字货币已有数千种，当然最重要的是法定数字货币的发展。目前，我国有多家国有银行正在进行法定数字货币——数字人民币的研究和测试。数字人民币的源头由中央银行控制，目前已经登上了交易舞台。2021 年，上海市举办第二届"五五购物节"，市民可以通过抽奖得到有使用期限的 55 元数字人民币，笔者有幸抽中，然而因为没有及时花而过期了，这 55 元还没"焐热"就从数字钱包里"不翼而飞"，着实让人郁闷。笔者瞬间明白了数字人民币与纸质人民币相比，它不怕水、不怕火，但会自己跑。

数字银行 除了数字货币应该储藏在数字银行里，人们自然还会考虑，是否有一种记录和转移财富的手段，能像传统的纸币和黄金那样，作为资产的证明，直接在交易双方之间达成交易，而不需要共同信任的第三方中介？如果能做到这一点，那就意味着可以避免一些主权货币的约束。例如，对已经成为世界货币的美元，美联储（美国联邦储备系统）可以通过不断增加印钞量让美元贬值，来偿还美国对其他国家的债务，以及通过调节美元成本变相掠夺其他国家的财富，而在这一过程中，美国所付出的仅仅是印钞的成本。也就是说，如果支撑银行信用背后的国家不值得信任，那它所发行的货币自然也就不值得信任，对于民众而言，将财富交给一个不被信任的银行显然是危险的。在有了区块链之后，只要简单地在区块链这个大型分布式多人账本中记录清楚每个人的财富即可，一切转账亦记载到该账本中，这样，我们拥有的财富就会一直存在下去而无须担心被篡改。这就是数字银行的基础。数字银行间的转账、支付和结算，特别是跨境资金流动在区块链技术的支撑下变得快速、方便、高效，可以让中间的层层环节大大简化。

交易所 区块链点对点的性质可以减少中间结算的繁复，从而让大量传统的交易所消失，金融中介将大幅减少。事实上，点对点交易使投资者有了更高的地位，也大大降低了交易成本，提高了效率。

信用认证 金融市场的征信将自动化，任何人在市场上的买卖、借贷和履约等金融行为都将被记录、客观评价、自动定级，从而在很大程度上实现"金融脱媒"。

资产管理 区块链能够实现有形和无形资产的确权、授权和实时监控。无形资产管理包括知识产权保护、域名管理、积分管理等领域；有形资产管理则可以结合物联网技术形成数字智能资产。

保险理赔 流程将更直接方便。如果每个人的信息，包括医疗、车辆、房产信息及其风险评估，都是真实可信的，那就很容易在一些标准化的保险产品中进行自动化的理赔。

拍卖、投标中标 过程将更加透明，并通过智能合约的方式避免虚假操作。

区块链说

　　区块链，在前文已经迫不及待地冒了几次头，这个名字是英文 block chain 的直译，有人觉得翻译得并不好，没有体现其灵魂，还曾发起过征名活动。可今天这个名词已成形，还入选了《咬文嚼字》编辑部评选的 2019 年十大流行语。作为一个最近几年频繁出现在大众视野的热搜名词，它究竟是什么？直接从字面上看，它就像几何中的一条线，又像小孩子的积木玩具，为什么会获得许多人甚至许多国家的重视？它与另一个热搜名词"比特币"的关系是什么？对于这些问题众说纷纭，这与区块链本身的特点、潜在应用的广泛性以及对人类社会许多领域的破坏性重构有着密切的关系。正如"一千个读者眼中有一千个哈姆雷特"一样，不同背景的人们都可以结合自己的领域，从不同的角度去认知和理解区块链。下面，就让我们一起探索区块链的神秘世界。

区块链概念图

区块链的前世

　　区块链的诞生并不惊天动地，它只是为了给一种新创的被称为比特币的虚拟商品保驾护航而产生。这种"野生"的"币"生来就充满矛盾性。

第一，它不需要什么权威机构去认可，但也绝不允许鱼目混珠，而这并不表示真伪自定。

第二，它不分青红皂白地允许任何人参与交易，而所有参与者对与自己无关的其他参与者的信息一无所知，也无法更改。整个系统就像一场蒙面舞会，参与者可以看到人影憧憧，却不知舞者何人；参与者尽管不知道别人的信息，却保存着全系统的所有交易信息，即人均怀璧，却不知是什么璧。

第三，所交易的对象是个虚拟符号，背后并没有任何经济实体支撑，只是按照约定的数学算法产生，然而系统中的人却可以用这些虚拟符号兑换真金白银。历史上比特币的第一笔实体交易是一位早期参与者用一枚比特币换了一个比萨。

这些矛盾必须要在一个系统里得到解决。于是，这个不可思议而又前所未有的重担就落在了——区块链的头上。

如上分析，区块链至少承担着这样的重任：**第一，铲除中心权威；第二，确认正确源头；第三，固化交易痕迹；第四，隐藏私有信息。**

这听起来的确有点天方夜谭！基于这样的特点，作为比特币系统基础算法的区块链就应运而生了。对于第一条，铲除中心权威意味着大家都是中心。对于第二条，需要用一种公认的方式确定来源，既然比特币无中心，那就必然不是传统经济学的来源方式。对于第三条，固化的最好办法就是每次交易都被大家认可并存储，而每次记录下来的交易就形成一条链。将上述语言翻译成计算机语言，这里的"大家"就是构成一个局域网的所有节点，这里的"方式"就是一种算法。对于第四条，就要依赖密码技术了。这样，区块链的名字就呼之欲出了。

2008 年 11 月 1 日，一个自称中本聪（Satoshi Nakamoto）的人发表了论文《比特币：一种点对点的电子现金系统》。该论文阐述了基于 P2P 网络技术、加密技术、时间戳技术以及关键的区块链技术的电子现金系统的构架理念，展示了去中心化、不可篡改性等一系列特性。这是区块链诞生的象征。这个后来被证明是惊世骇俗的理念并没有只被束缚在象牙塔上，两个月后它就踏上了实践之路。2009 年 1 月 3 日，第一个序号为 0 的创世区块诞生。几天后的 1 月 9 日，出现了序号为 1 的区块，并与序号为 0 的创世区块相连接形成了链，这标志着区块链"呱呱落地"。当时谁也没有意识到这个"新生儿"以后会有非凡强大的生命力，而这个"新生儿"背后的中本聪却从来没有展示过其庐山真面目，成为一个神秘传说。

为了吸引这一交易体系的参与者贡献算力和存储，比特币的设计者中本聪充分利用 P2P 网络的优点，设计了一套鼓励参与者贡献区块链计算和存储并通过发币来奖励的机制（俗称"挖矿"），使得参与者有经济回报以保证整个体系能够运行下去，但是其技术核心仍然是底层的区块链技术。在比特币的世界中，凡是为发展区块链贡献算力和存储的参与者都会被自动分配比特币，而所谓的"挖矿"，其实就是参与者因付出算力和存储而从系统中自动取得回报的过程。正是因为有了"挖矿"机制，参与者更有动力为自己所参与的区块链的发展贡献资源。问题的关键是所有这一切过程，包括共识、发币等全部靠算法控制，而且是完全分布式的，这样就有效避免了对特定组织的依赖。

由于比特币交易的世界中没有中央管控机构，其自动发币机制也由算法给定，第三方不可能操纵比特币的发行数量和时机，也不可能收回，这将使目前各国依赖其中央银行为主的货币调节职能失效，以及其中的加密技术的应用让监管更加困难，使得比特币游离在国家监管之外，特别是被用于一些地下非法交易，因此也受到了许多拥有主权货币的国家政策上的限制，并不被允许作为货币使用。毕竟，对一个国家而言，在复杂的金融市场之上再叠加一个完全不知情、不可控的匿名市场，将对金融稳定性产生很大的冲击。但是从另一个角度看，对世界上没有自己货币的国家或政治局势频繁动荡、不能维持货币信用的国家，比特币的技术和思想或可带来一定的思考和启示。

比特币的设计充分发挥了区块链的技术优势。比特币是最早获得成功的区块链应用，早期甚至有人将比特币等同于区块链，但两者其实是有本质区别的。从技术角度看，比特币只是基于区块链技术的一种具体应用而已。在以后很长一段时间里，区块链技术会隐藏在比特币身后作为支撑。早期，人们更关注这种位于台前的新型虚拟商品本身。想拥有这种"币"，只有两个方式，一是通过前面提到过的以系统认可的方式"挖矿"来获得，二是通过交易用真金白银买得。问题来了，人们为什么要挖、要买这种虚拟的"币"？当然不是仅仅为了虚拟炫富。比特币作为虚拟商品一旦形成了市场，就会有市场的波动。想想股票市场的参与者，大多数并不特别关心股票本身的业务，而是关心其价格波动。所以人们更关心如何用比特币赚钱，于是"挖矿"就有了动力。事实上，比特币问世以来，波动性一直很大，整体上一直在疯涨，从最初的几美分一币到后来高达几万美元一币。但我们必须明确，比特币只是区块链的一个应用，区块链本身的应用范围要宽广得多，而且区块链的存在不是必须通过比特币来证明的，但比特币却离不开区块链技术的支撑。

区块链的今生

区块链技术正在不断地优化和完善，并且展现出更大的包容性和更广泛的应用性。现在，我们已经了解了区块链的前世以及它不凡的使命，那么就让我们来揭开区块链的神秘面纱，具体分析它的结构和功能，大致描述如何应用现代数学和计算机技术实现区块链技术。

具体地说，区块链要具备 5 个特点。

去中心化　系统除了自成一体的区块链本身，没有中心管制。通过分布式核算和存储，各个节点实现了信息自我验证、传递和管理。这是区块链最突出、最本质的特征。这个目标的实现是通过变集中式账本为分布式账本，设法将交易数据复制多份并分开存储在不同的计算机中，而且每个节点记录的都是完整的账目，各方共同使用和监管这个账本，从而避免由集中管理方引入的风险。对于每一笔加了时间戳的新交易，各方都可以参与监督其合法性，并通过交易的加密认证算法共同作证。如果出现两项交易记录相互矛盾的现象，系统会认可那项时间戳更早的记录。一旦承认某一笔交易，系统就在原来的交易链上再加一环，而系统认可大多数节点记录的最长链，然后每个节点都要同步更新交易链到被认可的那条链上。区块链的每个节点存储都是独立的、地位等同的，依靠共识机制保证存储的一致性，从而避免了单一记账人舞弊而记假账的可能性。从理论上讲，除非所有的节点都被破坏，否则账目就不会丢失，这样也就保证了账目数据的安全性。此时，如果有某个恶意入侵者想要修改交易数据，他必须同时修改全部交易副本才行，而各节点分散于世界各地，很难搞清楚具体位置和管理者，一般情况下，修改数据的难度远远超出单枪匹马的黑客或单个参与方的计算能力，被认为是不可能实现的。

构造交易链 每增加一条交易数据，链上就增加一个属性，保存前一笔交易的某种标识，这样系统中所有的交易记录就可以被排成一条交易链，而且随着交易数的增加，这条交易链会越来越长。但是，单纯地构造交易链并不能解决交易数据的易篡改问题，这就需要借助一个被称为信息摘要的算法程序来从原始交易数据中生成交易标识。如果原始交易数据发生改变，则根据改动后的数据计算出的交易标识就会改变，这就会破坏掉原本链接好的交易链。一个恶意入侵者要想篡改某一笔交易且不破坏整条交易链，将不得不修改整条链中从被篡改的交易到当前最新交易之间的全部交易数据，这条链越长，历史数据越久远，修改的难度和代价就越大，运算量甚至是个天文数字。这样，客观上改动的可能性极小，在实践中可以忽略。如此一来，我们就可以构建一条简单的、具有不可篡改性的交易链以存储全部交易数据，这条交易链本身就是一个简单的共同账本原型。但以交易为单位进行复制存储和构造交易链是一个过于消耗计算机与网络资源且十分低效的策略，于是将前后相继的若干笔交易合在一起形成一个数据块，然后以此数据块为单位进行复制、存储和建链，就可以大幅度提高效率，这就是"区块链"这一名称的由来。这一简单的区块链原型已经可以较好地支持对"不可篡改性"的要求。我们所希望的安全，是指面对各种内外部风险，甚至在黑客入侵的情况下都能保证数据不被篡改，最差也要保证数据一旦被篡改，系统有办法证明发生了篡改，并不再信任这笔交易。协商一致的规范一旦实施，系统将自动执行安全验证、交换数据，不需要其他人为干涉。系统执行后，人为操作是无法更改其预设轨道的。基于可信而不可篡改的数据，在安全的基础上，系统可以自动执行一些预先定义好的规则和条款。这就是具有独立性的区块链智能合约的特点。

安全性　区块链的这个特性基于一个事实：造假是为了轻松获利。但如果造假的代价远远超过可能的获利，那就无人造假。区块链的设计正是如此，其系统本身并不能保证百分百无人造假，但造假代价太过高昂。数据上链和修改都必须征得整个体系中过半数节点的同意。理论上只有在控制了全网超51%的记账节点的情况下，才有可能伪造出一条不存在的记录。当加入区块链的节点足够多时，通过上述过程造假基本没有实施的"性价比"。这也就意味着区块链系统是相对安全的，系统中不存在绕过共识机制修改、存储交易的可能。既然大家都有账本，而且交易信息是公开的，那岂不是没有个人隐私了？这时非对称加密就大显神威了。几乎大部分密码学的主要分支都可以在区块链系统中找到应用，它们覆盖了包括传输加密、存储加密、身份认证、抗攻击和篡改内容等在内的多个领域，与分布式网络和存储技术一起，撑起了区块链系统，详见"密码疑云"一节。尽管数据加密技术并不是因为区块链而发展起来的，但却和区块链技术严丝合缝，浑然天成。单从技术上来讲，除非有法律规范的要求，各区块节点的身份信息只在系统需要时公开或被验证，信息传递可以匿名进行。事实上，区块链使用者的身份信息是高度加密的，只有在数据拥有者授权的情况下才能被访问到。这就要应用到最新的加密技术，而且这种技术也是与时俱进的。这些技术保证了数据和个人隐私的安全。

共识机制 区块链技术的基础是开源的，而且加入系统是开放的，其数据对所有人公开，尽管交易各方的私有信息被加密。人人都可以没有门槛地加入其中，并通过公开的接口查询这些区块链数据、开发相关应用、进行交易、存储公证信息等，因此整个系统信息高度透明、绝对开放。而协调和连接所有节点并保持稳定平衡的机制就是共识机制。区块链的共识机制简单来说就像"民主制度"，基于"少数服从多数"以及"人人平等"的原则。当然这里的"少数服从多数"并不是"一人一票"或者"一股一票"等我们熟知的社会生活原则，其中的"数"是根据协议，指节点个数、工作量、计算能力、存储贡献或是其他的计算机可以比较的特征量。"人人平等"是指，任何节点一旦满足预设的条件就有权优先提出共识结果，直接被其他节点认同后，最后有可能成为最终共识结果。特别是在数据上链环节，各方要达成共识，以确保上链数据的合法与正确。在单机情况下，这不是一个复杂的问题，但在分布式网络中，考虑到数据要跨越很远的距离才能到达其他各方，这一过程不可能彻底避免有意或无意的监听或篡改，因此情况就变得复杂起来。

共同账本 如果交易双方的账本都如实记载了交易的整个过程，且双方都认可这一共同账本中记录的数据，则整个交易过程的沟通时间就可以大大缩短。如果有很多企业（包括银行在内）都能共享这个账本，那就很容易通过查这个账本来发现企业间的"三角债"、虚假交易等问题，所以创建这样一个共同账本的意义重大。而这个共同账本所需的技术不是传统意义上的数据库技术，其关键是能够技术性地而不是自觉性地保证记入共同账本的数据不可更改，这样就可以在很大程度上提升交易各方对计算机系统所记录数据的信任度，这就是不可篡改性在现实应用中的价值。

但是，如果要完整地建立一个现实世界中的应用系统，其需求总是多方面的，距离具体实现还有很长的路要走。例如，基于区块链技术的数字货币要实现应用，还需要解决多方如何参与和管理、分布式情况下共识如何达成等一系列问题。P2P 技术和分布式共识技术是其中的关键。P2P 技术满足了多个用户自组织成网络、分布式存储和检索的技术需求，正是由于 P2P 技术的支持，区块链才能够真正地分布到不同个人和组织的计算机中，成为一个真正意义上的分布式账本，且实现了各方地位的对等，不需要一个特定的中央组织进行管理，即去中心化。分布式共识技术则用于解决整个系统从单机走向网络化后如何在决策判断时达成共识的问题。一笔交易能够被整个区块链系统接受并记入区块，要依赖于共识算法的判断和输出。实际应用中的共识算法要考虑到网络、链式结构、加密、安全、效率等各种因素，这也是目前的一个研究热点。

用更专业的话说，所谓区块链，是指分布式数据存储、点对点传输、共识机制、加密算法等计算机技术的新型应用模式。从技术上说，区块链系统由数据层、网络层、共识层、激励层、合约层和应用层组成。

• 数据层：封装底层数据区块以及相关的数据加密和时间戳等基础数据与基本算法。

• 网络层：包括分布式组网机制、数据传播机制和数据验证机制等。

• 共识层：封装网络节点的各类共识算法。

• 激励层：将经济因素集成到区块链技术体系中，主要包括经济激励的发放机制和分配机制等。

• 合约层：封装各类脚本、算法和智能合约，是区块链可编程性的基础。

• 应用层：封装区块链的各种应用场景和案例。

基于时间戳的链式区块结构、分布式节点的共识机制、基于共识算法的经济激励和灵活可编程的智能合约是区块链技术最具代表性的创新点。

至此，我们才算是掌握了一个完整的区块链系统。所以本质上，区块链虽然惊艳现世，却不能算是一个全新的技术，它更多的是结合应用需求，将计算机领域已有的技术进行组合与集成，因此，撇开这个领域纷繁的名词术语，在理解其一步步设计原理的情况下，我们就能对其擅长的领域和相关的潜在应用有更好的预判。重要的是，区块链系统已经可以做些真正的事情了：如果把每次数字货币的转账交易都记录在区块链上，这就是个数字货币系统；如果把司法存证的数据记载在区块链上，这就是个司法存证系统；如果把版权信息记载在区块链上，这就是个版权管理系统；如果把病人行程轨迹记载在区块链上，这就是个传染病追踪系统……这些都是对区块链不可篡改性的直接应用。

所以区块链并不神秘，它更多的是计算机领域中 P2P 通信存储和检索、密码学、分布式共识算法、信息摘要算法以及一些基本数据结构与算法的大集成，特别是这些单项技术已经较为稳定且成熟。也就是说，区块链并非什么技术上的完全创新，而是在集成许多现成技术的基础上的思想飞跃，它的创新更多地体现在它与经济社会运作的匹配与结合上，它可以更有效、更直接地满足现实需求，特别是当它与交易这一人类社会中的基本关系行为结合后，就有了变革世界的可能，因此得到了人们极大的重视。

区块链"出生"在国外，风行于国际，中国也抓住机会，大力发展区块链技术。2019 年 1 月 10 日，国家互联网信息办公室发布《区块链信息服务管理规定》。2019 年 10 月 24 日，在中央政治局第十八次集体学习时，习近平总书记强调，"要把区块链作为核心技术自主创新的重要突破口""加快推动区块链技术和产业创新发展"。"区块链"已走进大众视野，成为社会的关注焦点。它一路走来，正在不断成长。2022 年 11 月，内蒙古自治区霍林郭勒市人民法院立案庭在对当事人申请司法确认的案件进行审查时，运用"区块链证据核验"技术对已上链存证的调解协议等材料进行核验，做出确认人民调解协议效力的民事裁定书，大大提高了诉前调解案件司法确认的效率，赢得了当事人的好评。可以预见，在未来的生活中，区块链将扮演越来越重要的角色。

区块链 1.0 版本，完成了数字化支付。这是区块链技术的基本版本，是与转账、汇款和数字化支付相关的密码学应用。

2014 年，区块链成长为 2.0 版本。第二代可编程区块链，与智能合约相结合，使存储个人的永久数字 ID 和形象成为可能，并且为潜在的社会财富分配不均等问题提供解决方案。

区块链 3.0 版本将为各行各业提供去中心化解决方案，实现"可编程经济"，即通过区块链对互联网中每一个代表价值的信息和字节进行产权确认、计量和存储，从而实现在区块链上追踪、控制和交易资产，区块链将深入渗透到社会生活的方方面面。

区块链的未来

今天的区块链早已从比特币的身后走出来，强势地成为一个时代的特征。可以相信，它必将成为改变时代的重要推手之一。现在人们越来越清楚地看到，区块链的意义在于它倚仗着现代计算机和网络技术，构造了一个可编程的新模式。这个模式是价值传递网，是信用确认书，这个模式将会对未来的经济和生活方式产生深远的影响。一项技术，能有这么大的能量？想想 20 世纪的互联网，就知道这个说法并不是天方夜谭。

互联网已经大大改变了社会生活，但同时带来了网络的安全问题，网络诈骗、个人隐私泄露等问题也横流于网。区块链技术的应用将大大改善网络环境。区块链到底怎样创造明天的世界，今天很难精确描述，但不妨从它今天已表现出的强大生命力和广泛的应用性进行一下预想。

金融　见"数字金融"一节。

数据鉴证　区块链数据带有时间戳，由共识节点共同验证和记录，不可篡改和伪造，这些特点使得区块链可广泛应用于各类数据公证和审计场景。行政机构可大幅减少，"文山会海"的情况将大大改善，尤其是从事认证性质工作的部门将由区块链认证取代。区块链可以永久地安全存储由政府机构核发的各类学位证、许可证、登记表、执照等。

另外，商标注册将打通区域限制，专利申请和登记将自动审查和执行；艺术品和著作的版权将得到进一步保护；学术论文可以先发表再评审，不用担心有人抄袭，学术不端的空间将急剧缩小；录取、考试过程会更加可靠……

数据存储 非实体形态的知识产权和数字资产类纠纷将会随着社会发展逐渐增多，不仅如此，大量的电子化文档还很容易被复制和篡改，特别是在司法体系中，原始电子化证据被篡改会对案件审理和评估造成很严重的后果。因此，人们迫切需要一种手段，能够清楚记录人们对电子出版物、音乐、网络小说等非实体形态作品的权利要求，并且能够防止司法行业中的各种证据材料被篡改，否则，原始权利人可能遭受损失甚至丧失权利。例如，作者 A 发表了一篇网络小说，作者 B 将其抄袭并再次发表，这在今天是难以举证的，但是如果 A 已经将该小说存入区块链，则可以通过区块链不可篡改的特点佐证其对相关文字创作的所有权，而 B 作为抄袭者，作品的发表时间只能在 A 的后面。对于司法程序中的证据，如果最初经多方认同并已上链保存，则其他单位和当事人都可以相信该证据材料自上链之日起，没有人能篡改。

当然数据上链的过程本身仍然存在风险，这不是区块链本身能解决的问题，但是数据一旦上链，我们就可以相信它不会被篡改了。这种技术手段虽然依然不能保证原始上链数据本身的正确性和准确性，但将会极大地提高各方对计算机系统内所存储数据的信任度，这也是为什么我们说区块链技术为多方协作建立了一个信任平台。今天一些地区的司法机关已经在积极引入区块链技术，因为司法机关作为国家公信力和执行力的代表，对证据的不可篡改性的需求迫切，可以预见在不远的未来，传统的公证、专利事务代理行业也将因区块链技术的普及而有重大改变。

去中心化使区块链可以将数据散布在许多节点上，通过安全、高性能、低成本的方式来存储数据。使用区块链就意味着每一个文件都可以被"切碎"，你可以使用自己的公钥对切碎后的每一部分进行加密，然后散布在网络上，需要时，你可以使用自己的私钥解密这些文件，并迅速地重新组装起来。区块链的高冗余存储、去中心化、高安全性和隐私保护等特点使其特别适合存储和保护重要隐私数据，以避免因中心化机构遭受攻击或权限管理不当而造成的大规模数据丢失或泄露。这样一来，用于存储信息的档案部门将大大减少。

选举投票　在选举、股东投票等活动中，区块链的介入可以降低成本、提高效率，同时基于投票区块链也可以广泛应用于市场预测和社会制造等领域。

慈善捐助　区块链可以让人们准确跟踪捐款的流向，如捐款何时到账、如何使用、最终资助了谁等。

社区　区块链去中心化的特点使得社区更为和谐，社交网络的控制权从中心化的单位转向个人，对数据的控制权就掌握在用户自己手里。

行政管理　由于区块链数据难以篡改的性质，大数据的统计、管理和应用有了更高的可靠性，人员的特长、贡献、流动、薪资等信息也更加清晰。

供应链　区块链可以缓解供需信息不对称的问题。供应链中，商品从卖家到买家伴随着货币支付活动，在高信贷成本和企业现金流需求的背景下，金融服务公司提供商品转移和货款支付保障。区块链供应链溯源防伪、交易验真、及时清算的特点将解决现有贸易金融网络中的诸多痛点问题，区块链将塑造下一代供应链的基础设施。

物联网　区块链将为物联网的发展保驾护航。物联网通过在现实世界中部署智能硬件，使得我们能感知现实世界中的变化，例如电能的消耗、环境的温湿度变化、工厂流水线上产品的流程状态等。但是仅仅以此来理解物联网是远远不够的，这个说法显然没有反映物联网的本质。物联网本质上为我们打开了一扇让世界自动化、智能化的大门，"网"只是具体的表现形式，真正的目标是自动化、智能化，而自动化、智能化的重要体现之一就是智能合约。

智能家居概念图

物流链 商品从生产者到消费者手中，需要经历重重中间环节，跨境买卖还涉及关税等问题。这个复杂的过程对消费者来说是"黑箱"，所以他们很难鉴别到手的商品是否为正品。区块链技术可以让这条物流链的所有节点透明、公开、有迹可循。伪劣商品将难以遁形，更加接近"一分钱一分货"的理想状态；租赁、共享、快递将变得快捷安全，使用方和管理方的相关信息将变得清晰、透明、容易回溯；遥控和生产过程将更加智能化。

数字资产 资产数字化是指我们的各种实物能够在计算机中被记录和确权，过去的计算机系统也能支持部分数字化，但只能局限在一家企业或组织的内部，例如我们的住房保障部门有记录房屋产权的数据库，但是我们还需要纸质版的房产证，很大程度上是因为这样一个传统技术支持的数据库不具备不可篡改性，无法有效地证明我们对房子的所有权，但是区块链上的房屋所有权信息就不用这样的重复证明。

云计算 未来，区块链技术将整合至云的生态环境中，云计算给区块链技术插上翅膀，而区块链给云计算注入灵魂。区块链技术让云中的数据难以被篡改，因而数据统计、数据管理等方面的可靠性更高。见"与云共舞"一节。

医疗管理　在医疗信息和患者数据管理方面，区块链技术可以在数据脱敏后实现各机构数据共享。目前，一些国际的肿瘤医疗项目和医联体分级诊疗平台，都实现了让数据掌握在患者手中，医疗机构之间也可以在用户授权下共享信息，省去了一遍遍重复检查的过程，同时防备了虚假医疗报销。

经济数据　区块链技术让经济数据可以更加快捷实际地反映经济状况，让造假的统计数据难以生存，而获得的数据更具研究价值。还有如人口普查这类重要统计的工作量可以大大降低，数据分析结果将更科学、更有指导意义。

信息安全　区块链技术将极大改善目前公共信息鱼龙混杂的状况。个人信息包括身份信息、家庭组成、健康状况、财产状况等可以安全保存。最近，隐私保护越来越受重视，但各种各样的活动都需要填写个人信息，很难保证这些信息不外流，甚至有些信息可能为不法分子所利用。区块链技术可以设置不同的保密层级，只对需要了解信息并且用户授权的对象开放。

信用体系建立　社会性是人类的重要特征，人在本质上是群居动物，人类的生活充满了各种形式的交易，交易双方互信与否、信任的程度如何，极大影响着社会运行的成本。完全依赖在交往过程中设置种种严格的检查对现实世界而言并非明智之举，理想状态应该是人与人之间互相信任，这就有赖于整个社会信用体系的建立。但是，今天的信用体系更多是建立在某个机构对历史数据收集、分析的基础上，或者是建立在违背信用的惩罚性威慑之上，已显示出各种不足。区块链是解决信用体系管理问题的良剂之一，这是因为在区块链体系中，不可篡改性不仅提升了当前交易的安全性，同时也可以用于留存历史记录并保证各种历史记录的真实性，也包括做出的信用评级结论。

所以在区块链的支持下，我们可以充分信任区块链上记载的信用数据，至少我们无须再去做各种公证或去校验各种文书。而且，正因为数据可信，所以我们可以更好地应用大数据技术来计算个体与企业的信用值，这也会大大降低整个信用体系的运行成本。

智能合约 所谓智能合约，就是在安全的基础上，系统可以自动执行一些预先定义好的规则和条款。智能合约的本质是机器对机器的交易，如何消除自动化交易过程中的各种疑虑呢？答案仍然是区块链，其不可篡改性、分布性、保密性和安全性等特点使其成为当下最佳的解决方案，尽管在具体技术上还存在一些挑战。智能合约的最大特点是其不可篡改且自动执行，这样就尽可能地避免了人性的弱点带来的系统不稳定。

创新标签 创新将最大限度地被保护。创意只要在区块链上加上时间戳，并在网上广播，这个思想就可以打上原始者创造发明的烙印。

衍生应用 总体上看，凡是存在交互，特别是交易需要多方互信的场景，都有可能是区块链的应用空间，因为区块链技术为多方交互和交易构建了一个信任平台。在此基础上，可以很方便地拓展许多业务。当然对于具体的实际应用，我们还要看当前的区块链技术是否能比已有的技术更有优势。短期来看，许多传统的非区块链技术在很多领域仍然是主流，但是区块链已经在部分领域展现了它的潜力，我们有理由相信区块链的未来是美好的，它终将会在自己擅长的领域发挥作用，并成为社会发展的新的推进剂。

当然未来区块链的发展还要解决其今天已被发现的弱点、缺点，如认证过程较慢，随着节点增加执行效率降低，匿名性使得比特币成为洗钱工具，等等。当然，一个新生事物出现时，人们更关注的是潜力和优势，随着其不断发展，其双面性也将越来越多地表现出来。区块链作为一种新技术也不能免俗。在历史上，这样的事情一再发生，但人们不能因噎废食，只有在发展过程中不断解决问题，见招拆招，才能让区块链技术最大限度地造福人类。

话说到这里，我们可能已经发现，区块链的潜力很大，即使是只把它当作一个不可篡改的分布式数据库来用，已经能够解决实际中的许多问题了，特别是用于解决多方协作与交易过程中信任度不高的问题，减少各方对交易数据被篡改的担心。如果再与资产数字化、数字货币、智能合约、物联网、人工智能等技术相结合，很可能会改变整个社会的交互关系和整个经济社会的运行方式。不过，实际应用的需求往往是多方面的，通常使用一种技术不足以满足，而且区块链作为一种新兴技术，还有诸多不成熟之处。特别是现阶段，相比于许多领域已经成熟的集中式管理模式，区块链还不具备显著的优势，一些经典的信息系统建设模式依然在成本、监管、运维上有很大的优势，区块链也需要用时间和更多的成功应用来证明自己。可以预料，在不同技术的相互较量中，它们会相互借鉴，并最终找到最佳的用武之地。

也许有的读者会认为，程序还是人写的，但事实上，交易过程中智能装置和系统的自主性正在增强，而且在大数据和人工智能技术的加持下，这种自主性将很快甚至已经超过了人的个体能力。对整个社会而言，目前的智能合约和自主交易只是局部的交易方法，但如果类似的自主交易在整个社会中所占的比重越来越高，当整个社会中具体发起交易和执行交易的不再是人时，整个社会的经济秩序，包括其运行的规律、风险和管理都会随之而变，例如在证券市场中，程序化交易已经占主流。此时，我们就会发现，整个社会的运行不再由人性所决定，比如资本家贪婪逐利的本性会在交易过程中被放大，而自主交易中的各种智能设备和系统更"冷血"，不会被人性的弱点所影响。这将最终导致整个经济社会的运行与历史上的经济社会产生本质不同，即整个社会的经济将完全在计算机和算法的影响甚至是控制下运行，我们不妨称这个领域为计算经济学。

这一天离我们并不遥远。事实上，在近年股市的多次大涨大跌中，各种高频交易系统责任不小。特别是在大数据、人工智能等技术的加持下，很可能未来会出现具有超级垄断能力的企业或组织，并出现新型的垄断经济学或超级计划经济学。总体上，区块链在社会学领域的影响将是深远的，但我们也要客观地看到，这种影响并不是区块链单种技术所产生的，而是区块链、大数据、人工智能、物联网等多种技术综合协同应用的效果，不宜把功过简单地记到区块链的身上。

智慧城市概念图

最后一个值得思考的问题是，如果区块链只是一系列成熟技术的组合，那我们为什么要给予区块链足够的重视？对这一问题，我想一定不能只从技术的角度去理解，而是要结合人类社会发展的角度来看待。区块链，有别于传统网络技术，它的应用与人类社会中的行为密切相关，所以应该以一个跨界的视角来看待它。人类社会中的许多交互方式，将因区块链而有巨大的改变潜力。区块链对行为的记录能力、分布式共识算法的应用、不可篡改的权威性，从技术上对人类社会交互式交易方式进行了升级再造，虽然今天我们难以全面预测区块链对各行各业的影响，但是其潜力无疑是巨大的。事实上，区块链的出现有望解决人们现代社会生活中存在已久而束手无策的问题，并可预见将会改变人们未来的生活。这从另一角度证实了"科技是第一生产力"的论点。

总之，作为未来之星的区块链将大有可为，其带来的革命性意义是非常深远的，让我们拭目以待。

[1] NAKAMOTO S. Bitcoin: A Peer-to-Peer Electronic Cash System[EB/OL]. (2008-10-31) [2023-01-04].

[2] 国家互联网信息办公室. 关于区块链信息服务备案管理系统上线的通告 [EB/OL]. (2019-01-28) [2023-01-04].

[3] 梁进, 陈雄达, 张华隆, 等. 数学建模讲义 [M]. 2 版. 上海: 上海科学技术出版社, 2019.

[4] 梁进, 陈雄达, 钱志坚, 等. 数学建模 [M]. 北京: 人民邮电出版社, 2019.

[5] 梁进. 应用数学的角色 [J]. 科学, 2010(1):1-2.

[6] 梁进. "云" 来了 ![J]. 科学家, 2014(6):90-91.

[7] 梁进. 用数学的观点看博弈与合作 [J]. 科学家, 2014(08):86-89.

[8] 梁进. 挑战裸脑 [J]. 科学, 2017, 69(3):58-60.

[9] 梁进. 大疫当前, 数学能做什么? [J]. 科学, 2020, 72(2):57-60.

[10] 张伟, 梁进. 区块链: 一个改变未来的幽灵 [J]. 科学, 2020, 72(5):16-21.

[11] 梁进. 什么是数学 [M]. 大连: 大连理工大学出版社, 2022.

后记

我做数学科普，也许是偶然。毕竟作为大学教师，除了传道、授业和解惑的教学任务，还要在科研的道路上研究前沿问题、发表论文。成天忙忙碌碌地，却好像离大众越来越远。

不经意和身边人闲谈，谈到数学，大多数人都是一副敬而远之的模样。人们心中的数学工作者也是一群不食人间烟火的"怪人"。这大大扭曲异化了数学，使其重要性大大减弱。这让我非常困惑，数学不应该是这种"恐龙"的形象，更何况数学素养的厚薄可能直接影响大众科学水平的高低。

于是我通过博客、讲座等形式开始向大众科普数学，并出版了《名画中的数学密码》《诗话数学》《音乐和数学：谜一般的关系》和关于博物馆的一些数学科普读物，参与拍摄了《不可能的世界》《数学之城》《万物皆数》等科普影片，从艺术、应用和历史等方面切入，向大众普及数学。令人欣慰的是，这些工作得到了大家的欢迎和肯定，并取得了一定的成绩。但怎样让大众与数学离得更近些，却一直困扰着我。

生活，这就是答案！生活，是人人离不开的主题，也是数学的主战场，从古至今，从宏观到微观，到处都有数学的身影，那就让我来为此进行一番探索。

通过一番努力，我终于写完了这本书。写到后记，我既欣慰又忐忑，不知有没有达到我的初衷，不知有没有让大家心目中的数学形象更"和蔼"些，我满心期待着读者们的反馈。